噪声污染防治领域环境经济政策研究

生 态 环 境 部 大 气 环 境 司
生态环境部核与辐射安全中心 著

中国原子能出版社

图书在版编目（CIP）数据

噪声污染防治领域环境经济政策研究 / 生态环境部大气环境司，生态环境部核与辐射安全中心著. -- 北京 : 中国原子能出版社，2023.12

ISBN 978-7-5221-2951-8

Ⅰ. ①噪… Ⅱ. ①生… ②生… Ⅲ. ①噪声污染–噪声控制–环境经济–环境政策–研究 Ⅳ. ①TB53

中国国家版本馆 CIP 数据核字（2023）第 164976 号

噪声污染防治领域环境经济政策研究

出版发行	中国原子能出版社（北京市海淀区阜成路 43 号 100048）
责任编辑	徐 明
封面设计	邢 锐
责任校对	冯莲凤
责任印制	赵 明
印 刷	北京厚诚则铭印刷科技有限公司
经 销	全国新华书店
开 本	787 mm×1092 mm 1/16
印 张	11.625
字 数	150 千字
版 次	2023 年 12 月第 1 版 2023 年 12 月第 1 次印刷
书 号	ISBN 978-7-5221-2951-8 **定 价 88.00 元**

发行电话：010-88828678

本书编委会

领导小组：杨　龙　毛亚虹

主　　编：佟彦超　王晓涛　卢　璐

执行主编：魏新渝

副 主 编：毛玉如　王尔奇　吴晓燕　王　浩

编写人员：魏新渝　严自薇　吴晓燕　黄　力
汪　赟　赵桂英　王悦斌　梁伟健
郭浩楠　陈　坤

特邀专家组：李　博　谢　辉　陈　达　方　堃

前言

噪声污染与人民群众息息相关。近年来，随着蓝天、碧水、净土保卫战取得显著成效，人民群众对生态环境质量的期望越来越高，对生态环境问题的容忍度越来越低，噪声污染问题逐渐成为生态环境质量和城乡人居环境的短板。噪声污染涉及生产、生活的各个方面和各个领域，行政监督管理压力大、成本高，而科学合理的经济手段可以有效降低环境治理与行政监管成本、促进环保技术创新、增强市场竞争力，在噪声治理领域有很大的应用潜力。

习近平总书记多次强调要坚持以人民为中心，积极回应人民群众新要求新期待。2023 年，习近平总书记在全国生态环境保护大会上强调，要下大气力解决老百姓“家门口”的噪声、油烟、恶臭等问题，积极回应人民群众关切。为了集中攻克老百姓身边突出的噪声污染问题，切实解决人民群众“急难愁盼”问题，我们开展了噪声污染防治领域环境经济政策的研究工作。

本书系统调研了噪声污染防治领域我国已采取的环境经济政策，国外的做法和经验，并给出了充分发挥经济政策在噪声污染防治领域作用的建议。本书共六章：第一章对我国在噪声污染防治领域颁布实施的噪声环境经济法律法规政策进行梳理；第二章对环境保护税中噪声税收情况进行介绍；第三章介绍噪声经济补偿制度；第四章介绍了国际上“Buy Quiet”

政策经验；第五章分析了我国当前机场噪声污染防治形势，并以附表形式给出了全球机场噪声控制的主要措施、给出了推进环境经济政策在机场航空器噪声污染防治中应用的建议；第六章提出了强化环境经济政策在噪声污染防治领域应用的整体性建议。

通过对噪声污染防治领域环境经济政策的深入研究，我们期望研究成果能够为完善我国环境经济政策体系提供有益参考，推动经济政策在噪声污染防治领域的有效应用，助力构建全民共治的环境治理格局，切实解决老百姓“家门口”的噪声问题，为营造宁静、和谐的生活环境提供有力支撑。

本书内容范围较广、专业性强，部分资料甄别有难度，加之时间有限，难免错漏，敬请读者批评指正并提出宝贵意见。

编者

2024 年 8 月

目　录

引 言

我国环境经济政策框架体系基本建立，主要包括环境财政、环境价格、生态补偿、环境权益交易、绿色税收、绿色金融、环境市场、环境与贸易、环境资源价值核算、行业政策等内容，通过采取财政、税收、价格、政府采购等方面的政策和措施，调节或影响市场主体的行为，以实现经济建设与环境保护的协调发展。如何充分发挥环境经济在噪声污染防治领域中的作用，以引导和激励排放噪声的单位、个人和公共场所管理者对声环境的保护和对噪声污染的治理，是我们当前亟须研究和解决的问题之一。

在噪声污染防治领域，我国已采取了哪些环境经济政策、取得了哪些成效、新噪声法对经济政策有哪些新的要求、国外有哪些值得借鉴和参考的经验，本报告系统调研了噪声污染防治领域我国已采取的环境经济政策、国外的做法和经验，并给出了充分发挥经济政策在噪声污染防治领域作用的意见和建议。报告共六章：第一章对我国在噪声污染防治领域颁布实施的噪声环境经济法律法规政策进行梳理；第二章对环境保护税中噪声税收情况进行介绍；第三章介绍噪声经济补偿制度；第四章介绍了“Buy Quiet”政策经验；第五章结合我国当前机场噪声污染防治形式和需求，介绍推进环境经济政策在机场航空器噪声污染防治中应用的建议；第六章提出了强化环境经济政策在噪声污染防治领域应用的整体性建议。

第一章

我国噪声污染防治领域环境经济法律法规政策梳理

党的十八大以来，中国特色社会主义法律体系不断完善，与噪声污染防治工作密切相关的法律包括《中华人民共和国环境保护法》《中华人民共和国环境保护税法》《中华人民共和国噪声污染防治法》等相继出台，为经济政策在噪声污染防治领域的应用提供了法律依据。中共中央、国务院出台了一系列与噪声相关的经济政策，支持噪声污染防治工作。各地积极响应也出台了一些经济政策支持噪声污染防治工作。

一、我国已颁布实施的法律要求

2015 年 1 月 1 日起施行的修订后的《中华人民共和国环境保护法》将经济政策纳入污染防治领域中，该法第二十一条规定：国家采取财政、税收、价格、政府采购等方面的政策和措施，鼓励和支持环境保护技术装备、资源综合利用和环境服务等环境保护产业的发展。第二十二条规定：企事业单位和其他生产经营者，在污染物排放符合法定要求的基础上，进一步减少污染物排放的，人民政府应当依法采取财政、税收、价格、政府采购等方面的政策和措施予以鼓励和支持。

2018 年 1 月 1 日起施行的《中华人民共和国环境保护税法》对工业噪声开征噪声税。税收是促进生态环境保护的重要经济手段。开征环境保护税有利于解决排污费征收执法刚性不足问题，进一步强化企业治污减排责任，有效增强纳税人的环保意识和遵从度。此外，《国务院关于环境保护税收入归属问题的通知》：环境保护税全部作为地方收入，有利于地方政府更好履行环保职责，调动地方政府在环境治理当中的积极性，增强环境治理能力。

2022 年 6 月 5 日起施行的《中华人民共和国噪声污染防治法》确立新时期噪声污染防治工作的总要求。法律规定了一系列经济政策支持噪声污染防治工作，包括：县级以上地方人民政府应将噪声污染防治工作纳入国民经济和社会发展规划、生态环境保护规划，将噪声污染防治工作费用纳入本级政府预算。明确违法行为的罚款额度，提出可以采取支付补偿金、异地安置等经济补偿措施解决噪声纠纷问题。国家鼓励、支持噪声污染防治科学技术研究开发、成果转化和推广应用，促进噪声污染防治科学技术进步和产业发展。鼓励、支持低噪声工艺和设备的研究开发和推广应用，实行噪声污染严重的落后工艺和设备淘汰制度等。

二、国家层面已实施的政策要求

（一）经济财政领域总体要求

《中华人民共和国国民经济和社会发展第十四个五年规划和二〇三五年远景目标纲要》（2021 年 3 月 11 日第十三届全国人民代表大会第四次会议批准）：加强环境噪声污染治理。当前全国有不少于 19 个城市的国民经济和社会发展第十四个五年规划及 2035 年远景目标纲要中纳入了噪声污染防治内容。

《国务院办公厅关于印发生态环境领域中央与地方财政事权和支出责任划分改革方案的通知》（国办发〔2020〕13 号）规定：将噪声、光、恶臭、电磁辐射污染防治等事项，确认为地方财政事权，由地方承担支出责任。当前各省制定了生态环境领域省级与市县财政事权和支出责任划分改革实施方案。噪声一般为省级以下财政事权，由省级以下承担支出责任。很多省市将噪声确认为县级财政事权，由县级承担支出责任。

中共中央、国务院印发《成渝地区双城经济圈建设规划纲要》要求：统一环保标准。制定统一的环保标准编制技术规范，联合开展现行环保标准差异分析评估，有序制定、修订统一的大气、水、土壤及危险废物、噪声等领域环保标准。

（二）环境财政

为了激发市场主体节能减排内生动力、促进环境绩效持续改善、加快生态文明制度体系建设，财政部、国家发展改革委、工业和信息化部、环境保护部印发《环保“领跑者”制度实施方案》的通知（财建〔2015〕501 号）。面向大气、水体、固体废弃物及噪声污染源头削减，选择使用量大、减排潜力大、相关产品及环境标准完善、环境友好替代技术成熟的产品实施环保“领跑者”制度，并逐步扩展到其他产品。环保“领跑者”的基本要求包括：产品环保水平须达到《环境标志产品技术要求》标准，且为同类型可比产品中环境绩效领先的产品。财政部会同有关部门制定激励政策，给予环保“领跑者”名誉奖励和适当政策支持。鼓励环保“领跑者”的技术研发、宣传和推广，为环保“领跑者”创造更好的市场空间。生态环境部制定了包含噪声技术指标的洗衣机、洗碗机、制冷器具、空气净化器、轻型汽车、重型汽车、吸尘器等一系列的环境标志产品技术要求。

环保“领跑者”制度是通过制定环保“领跑者”指标、发布环保“领跑者”名单，在行业内树立节能环保的标杆，并通过政策激励引导全社会向“领跑者”学习推动环境管理模式从“底线约束”向“底线约束”与“先进带动”并重转变。这一制度是政府针对环境外部性与信息不对称造成市场失灵的一种适当干预和弥补，是中国节能减排市场化机制的又一创新，有利于形成市场主体节能减排的内生动力，对于加快生态文明建设、进一步倡导绿色生产和绿色消费具有积极意义。2017 年，国家标准《环保“领跑者”标识》（GB/T 35182—2017）制定实施，明确了环保领跑者的标识如图 1-1 所示。2018 年，河北省环保厅、省财政厅、省发改委、省工信厅印发《河北省推行企业环保“领跑者”制度实施方案》的通知，为推动环保“领跑者”政策尽快落地，河北省环保厅制定了《重点行业环保“领跑者”申报遴选工作实施细则》。天津专门制定了《天津市环境保护企业“领跑者”制度实施办法（试行）》。天津市生态环境局公示了2021年环保企业领跑者名单公示，共计19家企业入选，业务领域涉及危险废物处理、环境污染治理、固废处理（垃圾焚烧飞灰、污染土壤、市政污泥等）等。

图1-1　环保领跑者标识

此外，发改委还发布了《关于印发能效“领跑者”制度实施方案的通知》（发改环资〔2014〕3001号），推动终端用能产品能效水平提升，国家发展改革委、工业和信息化部、国家质检总局研究修订了《电动洗衣机能效“领跑者”制度实施细则》《家用电冰箱能效“领跑者”制度实施细则》（2017年修订）和《转速可控型房间空气调节器能效“领跑者”制度实施细则》（2017年修订），其中的能效“领跑者”产品评选标准中的绿色技术指标均给出了依据GB 19606《家用和类似用途电器噪声限值》的限值要求。给出了激励措施，包括：（1）国家鼓励能效“领跑者”产品的技术研发、宣传和推广，给予能效“领跑者”名誉奖励和政策支持，各地方对入围国家能效“领跑者”产品给予相应的政策支持，为能效“领跑者”产品推广创造更好的市场空间。（2）国家将能效“领跑者”产品纳入节能产品政府采购清单，实行优先采购。（3）固定资产投资项目优先选用能效“领跑者”产品。（4）中央基建投资、中央财政资金支持的节能改造项目优先选用能效“领跑者”产品。（5）国家建立能效“领跑者”指标与强制性国家标准衔接的机制，根据平板电视节能技术发展及市场能效水平变化等情况，适时将能效“领跑者”指标纳入该类产品能效标准。（6）国家加大宣传力度，组织召开能效“领跑者”发布会、推介会，集中宣传能效“领跑者”产品和相关企业，树立标杆、弘扬典型、表彰先进，为制度实施营造良好氛围。地方建立宣传推广机制，加大对能效“领跑者”产品的宣传推广力度。

《国土资源部、财政部、环境保护部、国家质量监督检验检疫总局、中国银行业监督管理委员会、中国证券监督管理委员会关于加快建设绿色矿山的实施意见》（国土资规〔2017〕4 号，当前已失效）提出了绿色矿山建设要求，有色金属行业绿色矿山、黄金行业绿色矿山、冶金行业绿色矿山、化工行业绿色矿山、非金属矿行业绿色矿山等建设要求中都提出了噪声污染防治要求。对绿色矿山建设，一是加大财税政策支持力度。财政部、国土资源部在安排地质矿产调查评价资金时，在完善现行资金管理办法的基础上，研究对开展绿色矿业发展示范区的地区符合条件的项目适当倾斜。二是创新绿色金融扶持政策。鼓励银行业金融机构在强化对矿业领域投资项目环境、健康、安全和社会风险评估及管理的前提下，研发符合地区实际的绿色矿山特色信贷产品，在风险可控、商业可持续的原则下，加大对绿色矿山企业在环境恢复治理、重金属污染防治、资源循环利用等方面的资金支持力度。

当前国家层面现行有效的制度是“环保领跑者”制度和“能效领跑者”制度。相对于“能效领跑者”“环保领跑者”与污染防治关系更为密切，针对性更强，当前仅有部分地方出台相应的文件和实施细则，尚未在全国范围广泛推广。此外，在“环保领跑者”企业遴选中，应考虑噪声污染防治领域的企业单位。

混合动力及纯电动车辆等新能源车辆发出的噪声大幅降低，带来很大的环保效益，我国政府积极制定措施和奖励机制，鼓励使用更安静的新能源汽车。财政部、工业和信息化部、科技部和发展改革委先后印发《关于完善新能源汽车推广应用财政补贴政策的通知》（财建〔2020〕86 号）、《关于 2022 年新能源汽车推广应用财政补贴政策的通知》（财建〔2021〕466 号），明确了财政补贴政策有关要求，推动新能源汽车技术进步、产品性能提升，产销规模提高。

（三）环保税及税收优惠政策

我国初步建立噪声税收机制。《中华人民共和国环境保护税法》对工业噪声开征噪声税，应税噪声按照超过国家规定标准的分贝数确定，征收的环保税全部作为地方收入，增强环境治理能力。然而，我国仅对工业噪声征税，并且很多省市噪声税税额维持为税法的最低标准，每年征收噪声税总额不到 2 亿元，占环保税收总额不到 1%。

我国鼓励先进噪声污染防治技术申请先进技术认证，享有税收优惠。科技部、财政部、国家税务总局关于修订印发《高新技术企业认定管理办法》的通知（国科发火〔2016〕32 号），依据本办法认定的高新技术企业，可依照《中华人民共和国企业所得税法》及其实施条例、《中华人民共和国税收征收管理法》及《中华人民共和国税收征收管理法实施细则》等有关规定，申报享受税收优惠政策。国家重点支持的高新技术领域包括：飞行器动力技术中噪声控制技术；物理性污染防治技术中噪声、振动污染防治技术；噪声环境质量在线连续自动监测技术；噪声污染源在线连续自动监测预警技术。

《财政部、国家税务总局、国家发展改革委、工业和信息化部、环境保护部关于印发节能节水和环境保护专用设备企业所得税优惠目录（2017 年版）的通知》（财税〔2017〕71 号）给出了《环境保护专用设备企业所得税优惠目录（2017 年版）》，该目录包括噪声与振动控制设备，对企业购置并实际使用环境保护专用设备享受企业所得税抵免优惠政策。《财政部、国家税务总局关于执行环境保护专用设备企业所得税优惠目录节能节水专用设备企业所得税优惠目录和安全生产专用设备企业所得税优惠目录有关问题的通知》（财税〔2008〕48 号）规定：企业自 2008 年 1 月 1 日起购置并实际使用列入《目录》范围内的环境保护、节能节水和安全生产专用设备，可以按专用设备投资额的 10%抵免当年企业所得税应纳税额；企业当年应纳税额不足抵免的，可以向以后年度结转，但结转期不得超过 5 个纳税年度。

为鼓励污染防治企业的专业化、规模化发展，更好支持生态文明建设，财政部、国家税务总局、国家发展改革委、生态环境部联合发布《关于从事污染防治的第三方企业所得税政策问题的公告》（财政部、国家税务总局、国家发展改革委、生态环境部公告 2019 年第 60 号），公告对符合条件的从事噪声污染防治的第三方企业按减 15%税率征收企业所得税。该公告所称第三方防治企业是指受排污企业或政府委托，负责环境污染治理设施（包括自动连续监测设施，下同）运营维护的企业。该公告所称第三方防治企业应当同时符合以下条件：（一）在中国境内（不包括港、澳、台地区）依法注册的居民企业；（二）具有一年以上连续从事环境污染治理设施运营实践，且能够保证设施正常运行；（三）具有至少 5 名从事本领域工作且具有环保相关专业中级及以上技术职称的技术人员，或者至少 2 名从事本领域工作且具有环保相关专业高级及以上技术职称的技术人员；（四）从事环境保护设施运营服务的年度营业收入占总收入的比例不低于 60%；（五）具备检验能力，拥有自有实验室，仪器配置可满足运行服务范围内常规污染物指标的检测需求；（六）保证其运营的环境保护设施正常运行，使污染物排放指标能够连续稳定达到国家或者地方规定的排放标准要求；（七）具有良好的纳税信用，近三年内纳税信用等级未被评定为 C 级或 D 级。

然而，上述针对第三方企业的税收优惠政策与高新技术的优惠政策不能同时享有，通过调研，了解到当前很多从事噪声污染防治的企业。例如，北京九州一轨环境科技股份有限公司、绿创环保集团、杭州爱华仪器有限公司、四川三元环境治理股份有限公司等噪声污染治理企业享受了高新技术的优惠，就没有机会享受这方面的优惠了。当前该项政策没有在噪声污染防治企业得到很好的落实。

（四）价格手段

2018 年，国家发展和改革委员会发布《政府定价的经营服务性收费目录清单》，其中包括一项噪声政府定价：新疆发展改革部门对噪声和振动检测收费进行定价。

国家发展改革委价格认证中心关于印发《机动车价格认定规则（2020 年）》的通知（发改价认办〔2020〕32 号）第七条规定：涉案机动车出现经修理和调整或采用控制技术后，向大气排放污染物或噪声仍然不符合标准的，应与提出机关核实并经提出机关书面确认后方可进行价格认定。

在大气污染防治领域，用到了价格的手段并取得很好的效果，例如《国家发展改革委关于调整可再生能源电价附加标准与环保电价有关事项的通知》，为支持可再生能源发展，鼓励燃煤发电企业进行脱硝、除尘改造，决定适当调整可再生能源电价附加和燃煤发电企业脱硝等环保电价标准，将燃煤发电企业脱硝电价补偿标准由每千瓦时 0.8 分钱提高至 1 分钱。对采用新技术进行除尘设施改造、烟尘排放浓度低于 30 mg/m^3（重点地区低于 20 mg/m^3），并经环保部门验收合格的燃煤发电企业除尘成本予以适当支持，电价补偿标准为每千瓦时 0.2 分钱。

在噪声污染防治领域，当前难以采用价格的手段对工业噪声进行干预和调控，主要原因是：我国噪声污染防治领域中重点行业和企业当前尚未明确，没有抓手。生态环境部刚发布了《环境监管重点单位名录管理办法》（部令 第27号），自2023年1月1日起施行。办法明确了噪声重点排污单位应当根据本行政区域噪声排放状况、声环境质量改善要求等因素确定。具备下列条件之一的工业企业，应当列为噪声重点排污单位：（一）位于噪声敏感建筑物集中区域或者厂界外200米范围内存在噪声敏感建筑物集中区域，且造成噪声污染的；（二）影响所在行政区域完成声环境质量改善规划设定目标的；（三）噪声污染问题突出、群众反映强烈的。待该管理办法实施一段时间后，各地明确了噪声重点排污单位，地方可先试行采取价格调控的手段对噪声污染防治企业采取激励措施。

（五）政府采购

原环境保护部关于印发《国家重点监控企业自行监测及信息公开办法（试行）》（环发〔2013〕81号）规定：企业自行监测内容应当包括厂界噪声监测；厂界噪声每季度至少开展一次监测。企业拒不开展自行监测、不发布自行监测信息、自行监测报告和信息公开过程中有弄虚作假行为，或者开展相关工作存在问题且整改不到位的，环境保护主管部门可视情况采取以下环境管理措施：向社会公布；不予环保上市核查；暂停各类环保专项资金补助；建议金融、保险不予信贷支持或者提高环境污染责任保险费率；建议取消其政府采购资格，并按照相关法律规定进行处罚。

新噪声法规定：国家鼓励、支持低噪声施工工艺和设备的研究开发和推广应用；工信部还牵头制定低噪声施工设备指导目录。应择机将低噪声产品纳入政府采购目录中。

三、地方层面已实施的政策要求

自发布《国务院办公厅关于印发生态环境领域中央与地方财政事权和支出责任划分改革方案的通知》后，各地制定了地方生态环境领域财政事权和支出责任划分改革方案，大部分省市将噪声污染防治等事项确认为县（区）级财政事权，由县（区）级承担支出责任，市级财政视情况通过转移支付给予支持。浙江、黑龙江、福建等省市将噪声控制设备列入政府采购目录中。当前除了少数城市如北京、深圳外，大部分城市均没有针对噪声污染防治专门制定经济政策。

（一）北京市

在环境财政方面，为规范轨道交通噪声治理资金管理，保证资金使用安全、合理、有效，北京市专门制定了《轨道交通噪声治理资金管理暂行办法》。对轨道交通噪声治理资金管理的基本原则、职责与分工、预算编报审批与拨付、决（结）算评审的组织与应用、资产与运维、资金使用管理与监督等内容进行了规定。据了解，北京市当前正在制定道路交通噪声资金管理办法。

为了有效解决噪声纠纷，北京市积极探索了经济补偿的纠纷解决机制。1996 年，北京市政府印发《北京市人民政府关于维护施工秩序减少施工噪声扰民的通知》，明确规定“建设单位对确定为夜间施工噪声扰民范围内的居民，根据居民受噪声污染的程度，按批准的超噪声标准值夜间施工工期，以每户每月 30 元至 60 元的标准给予补偿”。2015 年，北京市政府印发《北京市人民政府关于进一步加强施工噪声污染防治工作的通知》，明确自发布之日起，《北京市人民政府关于维护施工秩序减少施工噪声扰民的通知》废止，自此，补偿费用标准由建设单位与居民协商确定。从近年来建设单位和居民协商补偿费用标准的情况看，没有补偿费用标准，夜间施工噪声扰民补偿工作不易顺利实施，各方均提出希望政府有关部门研究补偿费用标准。并且《北京市人民政府关于进一步加强施工噪声污染防治工作的通知》第十条规定，夜间施工产生噪声超过规定标准的，由建设单位对影响范围内的居民给予经济补偿，具体补偿标准由市建设行政主管部门会同相关部门制定；《北京市建设工程施工现场管理办法》（北京市政府第 247 号令）第二十八条规定，进行夜间施工产生噪声超过规定标准的，对影响范围内的居民由建设单位给予经济补偿，具体补偿办法由建设行政主管部门会同发展改革、环境保护等部门制定，补偿办法应当包括补偿范围、补偿标准的确定原则、争议救济途径等内容。为此，北京市住房城乡建设委牵头研究出台补偿费用参考标准《北京市建设工程夜间施工噪声扰民补偿费用参考标准（试行）》，按照不同夜间施工噪声等级，确定了差别化的补偿费用参考标准，受影响住户可获得 70～277 元/户月的补偿。

此外，北京市曾采取价格及税收优惠等防治噪声污染。2002 年，北京市物价局印发《北京市商品住宅销售价格构成的通知》（京价〈房〉字〔2002〕018 号）（当前已失效），其中规定了商品住宅销售价格的开发成本费用包括了施工噪声扰民费。此外，《北京市财政局、北京市国家税务局、北京市环境保护局转发财政部、国家税务总局关于享受资源综合利用增值税优惠政策的纳税人执行污染物排放标准有关问题的通知》（当前已失效），规定享受资源综合利用增值税优惠政策的纳税人应明确噪声等排放的达标情况。

（二）深圳市

《深圳市噪声污染防治行动方案（2022—2024 年）》规定：提供财政经费保障，将噪声污染监测监管能力建设、科技支撑和执法监督等经费纳入预算予以保障；研究制定奖励、补贴优惠政策。另外，在交通噪声污染防治领域，深圳市交通运输局、深圳市发展和改革委员会、深圳市规划和自然资源局、深圳市生态环境局、深圳市住房和建设局印发《深圳市交通公用设施噪声污染防治管理办法》（深交规〔2020〕4 号）第十一条规定：交通公用设施噪声污染防治工程必须符合全市噪声污染防治规划和交通噪声污染治理方案。交通公用设施噪声污染防治工程建设工作，根据本市交通公用设施的管理层级分别开展，具体分工为：（一）市交通运输局负责快速路、跨区主干道、城市布局的交通枢纽造成的噪声污染治理工程；（二）区政府（新区管委会）负责辖区内主干道、次干道、支路造成的噪声污染治理工程；（三）高速公路、港口码头等交通公用设施造成的噪声污染治理工程，由其产权单位负责实施。各责任单位应当会同规划、生态环境、城市管理等有关部门制定管辖范围内交通噪声污染治理工程方案，按建设项目投资管理规定报本级政府批准后实施。在专项资金方面，2022～2024 年，《深圳市生态环境专项资金项目申报指南》给出建筑施工噪声污染防治补贴，支持建筑企业采取有效噪声污染防控措施，切实提高噪声污染防治技术水平，降低噪声对居民生活影响。

（三）其他城市或地区

成都市住房和城乡建设局、成都市财政局关于印发《关于促进既有住宅窗户更新改造的实施意见》的通知，规定：（一）改造资金。既有住宅窗户改造资金由房屋业主自筹一部分，政府补助一部分。（二）补助标准。对于符合条件的窗户改造项目，政府按照临街窗户改造面积 130 元/平方米的标准予以补助，由相关区级财政资金承担。对锦江区、青羊区、金牛区、武侯区、成华区改造项目，市级财政按照应补助资金 50%的比例予以补贴。

上海市实施了《虹桥机场航空噪声治理（二期）降噪改造工程项目》，该项目中明确，将针对闵行区七宝镇十三个小区开展虹桥机场航空噪声治理（二期）降噪改造工程列入 2019 年住宅修缮工程改造项目计划，项目总投资为 128 982.55 万元，用于受机场噪声影响的居民楼的统一隔声门窗改造工作。上海市《虹桥机场航空噪声治理（二期）降噪改造工程项目》的实施方案进一步明确：关于入户施工影响补偿款条款明确，对于因降噪改造入户施工对居民生活造成的影响，统一以货币方式一次性进行补偿。具体以房屋产权证面积为准，在完成本户合法建筑外立面全部门窗改造后，按照 1 000 元/平方米的标准进行补偿，补偿上限 10 万元。

香港特区政府从 1990 年开始，由政府提供专项拨款，为道路沿途加设逾 105 公里的隔声屏障和隔声罩，来降低噪声污染对临街住户的影响。

四、小结

从上述法规政策文件的梳理来看，我国在噪声污染防治领域已采取了征收环境保护税、环境财政、税收优惠政策、价格手段和政府采购等手段。为了使得国家经济政策在噪声污染防治中得以应用，需完善的政策建议：

（1）环境财政：相比于近年大气、水和土壤污染防治资金每年几百亿元以上投入来说，噪声污染防治投入资金相差甚远，难以满足人民群众对和谐安宁生活环境的期待。应加大财政支持，完善噪声政策标准体系，推进四大领域噪声治理。

（2）税收优惠等激励政策：当前一些政策没有发挥其特有的效果，应研究考虑叠加的优惠，以促进中小型噪声污染防治企业发展。研究制定环保“领跑者”企业的评判标准，推动环保“领跑者”制度在噪声污染防治领域的推广应用。

（3）政府采购：当前需要推动低噪声产品标准的制定。相关部门在修订机动车噪声限值等标准时，应考虑增加低噪声产品限值要求，并择机将低噪声产品纳入政府采购目录中。

（4）从地方经验来看，一些地方建立了以环境财政为主的经济政策，主要应用领域是交通噪声治理，应进一步推广应用到工业和社会生活噪声污染防治领域。此外，在施工噪声污染防治领域，仅北京等探索了经济补偿的纠纷解决机制，然而，当前受限于噪声标准尚不完善，经济补偿的标准和范围有待进一步明确、新噪声法确定纠纷解决机制正在建设等原因，该良好经验做法应进一步研究推广。

第二章

环境保护税收制度

噪声环保税是噪声污染防治领域最重要的经济手段之一。环保税是将环境污染、资源浪费、生态破坏的社会成本，内化到生产成本和市场价格中去，再通过市场机制来分配环境资源的一种经济手段，可以促进直接向环境排放噪声的企事业单位和其他生产经营者节能减排。噪声征收环保税：一是能够有缓解监管压力。噪声污染涉及生产、生活的各个方面和各个领域,行政监督管理压力大、成本高。噪声征收环保税是我国噪声污染防治领域最为重要的经济手段之一。能够缓解监管压力。二是强化企业噪声污染防治责任和意识。开征环保税有利于解决排污费征收执法刚性不足问题，进一步强化企业治污减排责任，有效提高纳税人的环保意识和遵从度。三是强化地方噪声治理能力和水平。《国务院关于环境保护税收入归属问题的通知》：环保税全部作为地方收入，有利于地方政府更好履行环保职责，调动地方政府在环境治理当中的积极性，增强环境治理能力。

一、噪声征收环保税现状及问题

噪声环保税是噪声污染防治领域最重要的经济手段之一，但当前噪声征收环保税在缓解监管压力，强化企业噪声污染防治责任和意识、强化地方噪声治理能力和水平等方面尚未发挥应有的作用。

（一）计税依据与新噪声法的衔接有待强化

新《噪声法》扩展了噪声污染的定义，是指超过噪声排放标准或者未依法采取防控措施产生噪声，并干扰他人正常生活、工作和学习的现象。该定义不仅包括超过排放标准且扰民的情形，还包括排放噪声不符合相关的法律、法规、规章的要求且扰民的情形，例如，输变电工程噪声频谱特性以低频为主，存在达到排放标准仍然扰民的情况；多个企业排放噪声，虽然每个企业均达标排放，但在敏感点处，仍可能存在声环境质量超标的情形。然而目前，《环境保护税法》仅对超过噪声排放标准的部分征收环保税。为了强化环保税在噪声污染防治中的作用，减少噪声排放，保障公众健康，不仅是对超过排放标准部分征收环保税，还应将直接向环境排放噪声的达标部分纳入征税范围，这符合《环境保护税法》第二条的规定“直接向环境排放应税污染物的企业事业单位和其他生产经营者为环境保护税的纳税人，应当依照本法规定缴纳环境保护税”，并与其他污染物排放征收环保税做法一致。

（二）行业覆盖面少，减排作用有限

噪声环保税纳税主体少，纳税行业范围偏窄，仅对工业噪声征税。大气、水、固废和噪声 4 类污染中，噪声环保税最低，不超过环保税总额 1%，且噪声环保税税额逐年降低，2018 年至 2022 年我国分别征收 2.01、1.76、1.63、1.48、1.38 亿元，2022 年比 2018 年下降 31%，年均降幅 8.96%，相对于“费改税”前的超标排污费，征收总额大大降低（2017 年噪声超标排污费共计 24.8 亿元），在强化各行业噪声污染防治意识、减少噪声排放等方面所发挥的作用有限。建筑施工噪声和社会生活噪声是我国当前投诉量大面广的主要噪声污染源，“费改税”后，未对建筑施工噪声和社会生活噪声征收环保税，使得这两类噪声污染治理缺少有力的手段，无法缓解我国当前投诉巨大等问题。

（三）收税效率较低，自动化监测亟需强化

相对于其他要素，噪声更容易实现自动监测，但我国当前主要依靠手工监测计算税额，大部分企事业单位未设置噪声自动监测装置，为噪声环保税征收的取证带来极大的困难，噪声环保税收税效率低。在前期环保税法制定过程中，关于对建筑施工噪声征税问题，征求意见稿规定，建筑施工噪声以建筑面积为计税依据，按单位税额（每平方米 3 元）征税。征求意见中，有单位和公众提出，由于不同的建筑施工种类、施工工艺和施工位置等产生的噪声污染不同，按建筑面积计税不尽合理。在国家税务局对环保税热点问题的解答中提到：建筑施工噪声和交通运输噪声监测难度比较大，例如交通噪声具有瞬时性、流动性和隐蔽性等特点，不同建筑施工

类型、工艺和位置产生的噪声也不同，建筑施工和交通运输噪声监测难度都比较大，将其纳入环保税征税条件尚不成熟”（参见图书《〈环境保护税法〉相关问题解答》）。可见，前期噪声自动监测没有得到普及，噪声监测困难是制定环保税法时未将建筑施工噪声、交通运输噪声纳入环保税征收范围的主要原因之一。

（四）无税收优惠政策，缺少减免税规定

《环境保护税法》第十三条规定：“纳税人排放应税大气污染物或者水污染物的浓度值低于国家和地方规定的污染物排放标准百分之三十的，减按百分之七十五征收环境保护税。纳税人排放应税大气污染物或者水污染物的浓度值低于国家和地方规定的污染物排放标准百分之五十的，减按百分之五十征收环境保护税”。但是针对噪声环保税，没有设置减税的规定，没有专门的免税条款，未给予企业减排与减负的空间。

二、国外经验

欧美等发达国家在噪声的管理上积累了丰富的经验，我们需系统调研各国采取的环境政策手段，以进一步完善我国噪声税制度。

（一）采用环境激励和无偿手段管理其他重点领域噪声

经济合作与发展组织（OECD）建立了环境政策工具数据库，各国采取的噪声环境政策手段主要包括：环境激励补贴、税收（或收费）以及无偿手段（见附表 2-1）。澳大利亚、韩国、荷兰、芬兰和美国等除了对航空噪声收税或收费外，还采取了环境激励补贴和无偿手段，以有效管理地面交通噪声、社会生活噪声以及建筑施工噪声。澳大利亚维多利亚州采取了向废物管理统计计划拨款和向环境组织登记册上的接受者提供可扣税的礼物两项环境激励补贴；该州还采取了许可证制度、环境改善计划、邻里环境改善计划和可持续性契约等无偿手段。韩国采取了三项环境激励补贴政策：环境改善基金的软贷款、环境技术研发补贴、环境设施和设备投资的税收抵免；采取了环境印章使用认证、指定绿色公司、绿色建筑认证以及自愿环境管理协定四项无偿手段。荷兰对交通噪声削减、噪声污染防治的欧洲合作和世界合作等方面采取了环境激励政策；对金属行业噪声采取了公约的手段进行管理。

（二）建立完善的航空噪声税收制度

从OECD数据可以看出，大部分欧盟国家，美国部分州、澳大利亚、日本和韩国均建立了完善的航空噪声税，见附表2-2。国际民航组织在平衡做法中提到了采用经济手段来减少噪声。欧盟委员会在关于航空运输和环境问题上提出采用经济手段促进航空公司使用低噪声飞机，降低飞机噪声影响。意大利于1990年开始征收飞机噪声税，该税于2000年由国家税转变为地方税，这笔收入归地方环境当局，用于补贴和补偿机场附近的市政当局和公民。芬兰目前在减少噪声政策中使用的唯一经济手段是对在赫尔辛基-万塔机场涡轮喷气式飞机夜间起飞的飞机收取噪声费用，并用于补偿机场附近的人口。美国征收管理制度较为严格，拥有完善的环境税收制度，印第安纳州对飞机征收执照消费税。

（三）行政立法与税收并行

如澳大利亚、美国和法国等国，税法规则已经十分复杂，税法体系已经十分庞大，仍然免不了要通过行政立法或解释予以补充。法国自2008年以来又有超过40项的环保措施变成法律，法国航空噪声污染税过去是污染活动一般税收（TGAP）的一部分，2013年被单独出来，旨在鼓励社会、企业、公司承担更多的环保责任。法国环境税的税率和税基随着排污项目不同和时代的发展而变化，并按污染要素和污染程度实行多重收税和差别收税。

（四）明确指定噪声税费用途

澳大利亚、法国、意大利、荷兰、瑞典、芬兰等国家征收的机场噪声全部用于噪声相关控制措施上，如机场附近房屋的隔声和其他降噪措施。荷兰的法律明确规定专款专用，将噪声税用于治理噪声污染的整个过程，包括对污染源的监测，建立数据模型进行实验分析，对噪声排放进行跟踪监测直至最后噪声的治理。另外，还规定企业的环境税未及时上缴或者上缴程度不够，就要由企业所在地的政府买单。政府还需要提供详细的调查分析表，来确定当地政府有充足的资金来保证上述流程的落实。荷兰规定在机场周围已完成隔声工程的机场着陆，免征噪声税；在澳大利亚，阿德莱德是最后一个收取噪声税的机场，自 2010 年后，澳大利亚结束征收噪声税。

三、完善我国噪声环保税制度的建议

当前，环境保护税法与噪声法衔接有待强化，噪声环保税存在征收少、覆盖面不全，未考虑噪声环保税优惠政策，噪声环保税征收取证难等问题，亟需借鉴参考其他环境要素环保税收经验、前期噪声超标排污费征收的经验以及国外噪声税实践经验，完善和优化噪声环保税制度。

（一）贯彻实施好噪声法弥补环境税法不足

建立行政法与税收并行机制，以取得声环境管理的最大成效。新噪声法从以下几个方面对环保税法进行补充和完善。一是加大噪声超标违法处罚力度。建立较为严格和完善的施工噪声、交通噪声和社会生活噪声惩罚机制，通过行政管理手段弥补环保税法的空缺。二是不断完善噪声环境质量标准和排放标准，加大环境执法力度；三是完善噪声监测制度。建立重点行业、企业噪声的自动监测体系，有效服务噪声税的征收；四是将无偿管理手段引入声环境管理中。包括建立排污许可制度、重点排污单位管理制度、声环境质量改善规划等，以降低噪声的排放，不断改善声环境质量。下一步应贯彻实施好新噪声法，制定实施配套的法规政策标准，推动噪声法落地落实。

（二）适时修改完善环境保护税法

按照《噪声法》要求，结合我国当前噪声污染特点和形势，建议适时修改完善《环境保护税法》：

一是将达到排放标准但仍然扰民的部分纳入环保税的征税范围，促进纳税主体增强噪声污染防治意识，主动采取措施降低噪声排放，从而保护和改善环境，进而保障人民群众身体健康。重新界定征缴范围、设计免征条件，完善达标征税以及超标的计税方法。

二是扩大行业覆盖范围，促进行业减排。将建筑施工噪声和社会生活噪声纳入环保税的征税范围。此工作已有一定基础，“费改税”前征收建筑施工噪声和社会生活噪声的超标排污费为征收环保税奠定基础。超标排污费的征收范围包括向环境排放噪声的单位和个体工商户；新噪声法及行动计划等一系列政策的实施，推动噪声监测的自动化，为完善环境保护税法创造良好条件；当前针对在建设期产生水、气和固体废物需要征收环保税，这也为征收施工期噪声环保税提供参考。

三是增加税收减免政策，加大执法力度。对纳税人采取措施降低噪声排放给予减免税优惠。通过免税或减税推动应纳税人积极采取噪声污染防治措施降低噪声排放，并保护收税工作的公平性，凡涉及噪声排放值的减免措施均需企业安装自动监测设备自证。免征条款包括：一是针对长期连续稳定达标排放的企业免征噪声环保税；二是企业购买使用国家发布的低噪声设备目录中的设备，免征当年噪声税；三是对城市建成区和敏感建筑物集中区之外的建筑施工纳税人免征噪声环保税；四是对于噪声衰减距离之内无噪声敏感建筑物的工业企业免征噪声税。减征条款如下：纳税人排放应税噪声的分贝数值低于国家和地方规定的污染物排放标准 3 分贝，减按百分之七十五征收环保税。纳税人排放应税噪声的分贝数低于国家和地方规定的污染物排放标准 5 分贝的，减按百分之五十征收环保税。对于违反

《环境保护税法》的行为，纳税人不进行纳税申报，不缴或者少缴应纳税款的，由税务机关追缴其不缴或者少缴的税款、滞纳金，并处不缴或者少缴的税款百分之五十以上五倍以下的罚款。可按照“当期噪声排放最大值”追缴不缴或者少缴的税款。

（三）建立重点领域噪声税收机制

除了直接对工业噪声征收环保税外，还应积极探讨建筑施工噪声、社会生活噪声税收机制，为重点领域噪声污染防治提供资金保障。一是建立建筑施工噪声税收机制。根据建筑施工的面积以及影响的程度进行收税，将税收用于补偿施工影响范围的人群。二是建立社会生活噪声税收机制。根据超标分贝数、超标时段、影响人群数量等收取不同的费用，并用于社会生活噪声污染防治中，实际解决受影响人群噪声干扰问题。三是针对机场噪声影响开展专项收费政策的前期研究。研究将噪声收费纳入机场常规收费中，根据机场及飞机起降数量、重量和机型等核定收费额，用于弥补与航空噪声相关的成本，包括但不限于航空噪声监测成本、航空噪声防治设施安装成本以及受航空噪声损害的居民赔偿等。

兼顾不同类型噪声的特点，根据合法性、公平性和效率性的原则，考虑排放即征收、多排多征收，完善噪声环保税的计税方法。可以采用公式计算得到，也可以在现有的方法基础上进一步优化，建议环境保护税税目税额按表 2-1 内容进行修改。

表 2-1　环境保护税税目税额表中噪声内容的修改建议

税目	计税单位	税额	备注
噪声	不超过标准	每月 270 元	1. 当沿边界长度超过 100 米有两处以上噪声结果，按照两个单位计算应纳税额。 2. 一个单位有不同地点作业场所的，应当分别计算应纳税额，合并计征。

续表

税目	计税单位	税额	备注
噪声	超过 1～3 分贝	每月 550 元	1. 一个单位边界上有多处噪声超标，根据最高一处超标声级计算应纳税额；当沿边界长度超过 100 米有两处以上噪声超标，按照两个单位计算应纳税额。 2. 一个单位有不同地点作业场所的，应当分别计算应纳税额，合并计征。 3. 昼、夜均超标的噪声，昼、夜分别计算应纳税额，累计计征。 4. 声源一个月内超标不足 15 天的，减半计算应纳税额。 5. 夜间频繁突发和夜间偶然突发厂界超标噪声，按等效声级和峰值噪声两种指标中超标分贝值高的一项计算应纳税额。
	超过 4～6 分贝	每月 1 100 元	
	超过 7～9 分贝	每月 2 200 元	
	超过 10～12 分贝	每月 4 400 元	
	超过 13～15 分贝	每月 8 800 元	
	超过 16 分贝以上	每月 17 600 元	
建筑施工噪声（简化方法）	每平方米	全工期 2～3 元	达标排放
	每平方米	全工期 3～5 元	昼间超标排放
	每平方米	全工期 6～10 元	夜间超标排放

（四）加强环境统计与环境税衔接

提升“应收尽收”的政策和技术基础保障能力，完善各类型噪声自动监测标准，推动噪声自动监测的普及，建立噪声自动监测数据平台，并强化信息共享。一是强化排污许可管理范围与环境税征管范围的衔接，2025 年底前有 28 万张排污许可证需延续或变更，其中排放噪声的单位将噪声纳入排污许可证，那么将大大提高噪声环保税的纳税范围和纳税额。二是生态环境部门建立噪声排放的长效监测、核查机制。对固定点源的排放情况进行长期或定期的监测和核查。同时，制定监测、核查行为指南和技术规范等，推进生态环境部门对企业的监测、核查工作。三是企业建立自行监测申报机制。根据管理的要求、监测技术规范等建立自行监测体系，并按要求将监测数据上报给税务机关。四是建立第三方机构对噪声排放企业的监测核查机制。考虑到部分企业自身条件的限制，可以委托有资质的第三方机构对企业进行专业监测、核查。五是加强环境统计数据与环保税收平台的有效衔接。大力推进环保部门监测数据、企业自行监测数据以及第三方监测数据与涉税信息共享平台的有效衔接，确保环保税收持续有效地开展。

（五）建立噪声税与经济补偿和无偿手段协同机制

生态环境状况的改变不可能通过一个环保税实现。在环境保护上，一是需要严格执行环境标准，加大环境执法力度等，需要加大资源税、消费税、车船税等其他环境相关税种的调节。二是财政上继续加大对环保的投入，以及对节能减排给予财税优惠政策，通过综合性的环保财税政策体系来发挥作用。三是建立环境税、污染者付费、使用者付费与经济补偿协同机制，推进四大领域噪声污染防治，并通过有针对性的经济补偿措施解决噪声税等收费制度对收入分配的潜在不利影响。四是对低噪声产品的开发和使用给予财政补贴，通过市场手段逐步淘汰落后的高噪声产品。政府支持低噪声产品研究，并制定低噪声产品认证制度，将评估后能够替代现有高噪声产品并且符合政府采购规格的产品列入政府采购目录中。

附表 2-1　各国噪声管理中采用的环境政策手段

国家	环境政策工具	名称/类型	引入和修订年份	机构	子方案
澳大利亚	环境激励补贴	维多利亚-废物管理会计项目	2012 2014	维多利亚环境保护局	废物管理统计计划-拨款
		保护景观及自然津贴	2008	澳大利亚政府	保护景观和自然
		向环境组织登记册上的接受者提供可扣税的礼物	1997	环境能源部	向环境组织登记册上的接受者提供可扣税的礼物
	收费	飞机噪声费	始于 1995，并与 2010 结束。当前噪声是由法规管理	基础设施和运输部	飞机着陆
	税	机动车辆的印花税和注册费用	2014	/	/
		机动车登记费	2011	/	/
		机动车登记及有关费用	修订于 2016	领土和市政服务部	/
	无偿办法	维多利亚-经认可的许可证制度	1994	维多利亚环境保护局	经认可的持证人制度
		维多利亚-环境改善计划	/	维多利亚环境保护局	环境改善计划-资助
		维多利亚州-邻里环境改善计划	2001	维多利亚环境保护局	邻里环境改善计划，促进社区参与的计划，以改善“邻里”的状况
		维多利亚州-可持续性契约	2002	维多利亚环境保护局	可持续性契约
比利时	环境激励补贴	佛兰德斯- PRESTI 补贴方案-预防刺激工业	1994 2008	弗兰德斯公共 废物处理机构	PRESTI 5 计划
		减少购置新电动汽车的税收	2010 2013	联邦公共金融服务部	为购买新的电动汽车减税
		佛兰德斯-根据合作协议向地方当局提供补贴	2002 2007	环境、自然与能源部	根据合作协议向地方当局提供补贴
		瓦隆地区-向地方当局提供声级计补贴	1977 2010	瓦隆环境部和 瓦隆环境管理局	提供声级计补贴，推行噪声管理

续表

国家	环境政策工具	名称/类型	引入和修订年份	机构	子方案
比利时		瓦隆地区-对住房隔声的特殊情况的补贴	2001 2010	瓦隆环境部和 瓦隆环境管理局	受瓦隆机场交通噪声影响的住宅补偿基金
		瓦隆地区-自然保护补贴	2002 2010	瓦隆地区环境部和 农业、自然资源和 环境总局	促进自然保育和发展
		瓦隆地区-对地方政府自然保护的补贴	修订于 1960	瓦隆地区环境部和瓦隆 地区经济与就业部、 瓦隆地区环境局	促进市政当局的环境政策
		自行车和电动自行车存储所产生的业务费用抵扣	2009 2017	联邦公共服务 财政部门	其目的是鼓励通勤人员使用自行车，所包括的费用：购置、建造或修复用于存放自行车和在工作时间淋浴的建筑物
		屋顶隔热材料所得税减免	2014	财政部	促进房屋屋顶隔热
	税	道路税	修订于 2020	地方政府和 地方行政机构	/
		额外道路税	1983 2002	地方政府	对于安装了液化石油气装置的车辆，将征收补充性的年度流通税
		有关车辆登记事宜	2008 2010	/	阻止收购高二氧化碳等排放车辆
		车辆投入使用税	1992 2016 2021	/	登记税，是一种一次性税，每一位新车或二手车的车主都必须在车辆在比利时的公共道路上投入使用时支付
加拿大	环境激励补贴	不列颠哥伦比亚省-自行车免征销售税	1981 1994	不列颠哥伦比亚省-财政部	自行车、自行车配件、自行车修理免征销售税
		混合动力汽车退税	2004	爱德华王子岛省财政和 税务局及财产记录部	/
		混合动力和电动汽车免费停车	2006	圣杰罗姆市	/

续表

国家	环境政策工具	名称/类型	引入和修订年份	机构	子方案
加拿大	**环境激励补贴**	其他类型零排放汽车设备和车辆的加速资本成本补贴	/	加拿大税务局	企业购买的零排放汽车设备和车辆在投入使用的当年可享受100%的抵扣。符合条件的零排放汽车设备和车辆包括全电动或氢动力的越野、铁路、航空和航海汽车设备和车辆。该措施适用于2020年3月2日或之后取得并在2028年之前投入使用的符合条件的设备或车辆。对于在2023年后投入使用的设备和车辆，该措施将逐步减少抵扣额（2024年和2025年为75%，2026年和2027年为55%）
	税	联邦航空旅客安全费用	2002	财政部	/
芬兰	**环境激励补贴**	降低客运增值税税率	1950	环境部	降低客运增值税税率
		铁路运输货车的车辆退税	1950	环境部	铁路运输货车的车辆退税（联运）
		申报自然保护区经济利益损失的非流动补偿免征所得税	/	财政部	促进自然保育
		雇主在工作场所或公共充电点为员工提供的汽车充电所得税豁免	2020	财政部	推广低排放的通勤交通
		雇主赞助的自行车所得税减免	/	财政部	推广低排放的通勤交通
		电动汽车免征车辆税	/	财政部	推广低排放车辆
		降低自行车增值税税率	/	财政部	推广低排放交通工具
	收费	空中交通服务费	2009	交通和通信部	噪声费；多重收费
		航道费	1981 2015 2021	运输和通信部、国家海关委员会和海关管理局	这项费用涵盖了芬兰海事管理局与航道维护、破冰和船舶交通服务相关的费用。航道费由《航道费法》（1122/2005）规定。航道费法适用于在芬兰领海进行商业航运的船舶
法国	**环境激励补贴**	工业加速折旧	1950	生态、可持续发展和能源部	支持与节能、工业废水处理、空气污染和噪声减少有关的投资
	税	车辆车轴税	1968	财政部	/
		航空噪声污染税	2005 2013	生态、可持续发展和能源部	资助附近房屋的隔声工程

续表

国家	环境政策工具	名称/类型	引入和修订年份	机构	子方案
法国	税	游艇年度税	1978 2011	财政部	/
		科西嘉岛和海外部门的航空和航运所应缴纳的税款	2003 2013	财政部	/
		对自然保护区的海上运输征税	2010	财政部	/
		码头费	1995	财政部	/
德国	环境激励补贴	支持混合动力公共交通巴士计划	2009 2014	环境部	在公共交通中增加混合动力巴士的使用，以减少二氧化碳等排放
	收费	飞机噪声费	2010	联邦环境、自然保护和核安全部	飞机着陆
		重型货车道路收费	2005 2009	联邦运输、建筑和城市事务部和联邦货运办公室	/
	税	航空税	2011	联邦财政部	长途航班（目的地超过 6 000 公里）；中程航班（目的地不超过 6 000 公里）；短程航班（目的地不超过 2 500 公里）
		车辆税	修订于 2021	瑞士联邦海关管理局	/
匈牙利	税	噪声消减征费	1950 2010	财政部	超过现行噪声限制的现有设施；超过现行噪声限制的新设施；超过现行噪声限制的新道路、铁路或机场
爱尔兰	税	航空旅行税	2009 2014	爱尔兰税收委员会	运送乘客
		车辆登记税	1993 2009	爱尔兰税务局	/
意大利	环境激励补贴	购买和安装电动汽车充电基础设施的税收减免	2019	财政部	2019 年预算法。鼓励使用电动汽车。扣除额为 2019 年 3 月 1 日至 2021 年 12 月 31 日期间发生的费用的 50%，总金额不超过 3 000 欧元。扣除额适用于私人或公寓区域的安装费用

续表

国家	环境政策工具	名称/类型	引入和修订年份	机构	子方案
意大利	环境激励补贴	购买电动或混合动力两轮车的消费者将获得额外奖励	2019	财政部	对 L1 和 L3 类别的无污染（新电动或混合动力）两轮车辆，以及交付报废类别的车辆，奖励相当于购买价格的 30%，最高可达 3 000 欧元
	税	飞机噪声税	1990 2000	财政部	《飞机噪声排放区域税》（IRESA）是在 2003 年颁布的。2000 年 11 月 21 日第 342 号法律第 90 段第 4 段，以便将所得收入用于完成噪声监测系统，减少噪声，并可能补偿居住在机场周围的居民
		车辆登记税	1999 2010	地方	在 PRA 登记汽车需要缴纳一定的税款。最繁重的税是所谓的 IPT，每辆车都有一个固定的基数。IPT 是一种省税，用于车辆登记
		交通拥堵税	2008	米兰市	/
	自愿办法	国家和地方机构、工会和玻璃工业之间的方案协定	1999	环境部	艺术玻璃工业对环境的影响
日本	收费	飞机噪声费	1975	/	飞机着陆
	税	汽车税	修订于 2019	内政部	/
		汽车吨位税	1971 2017	地区陆路交通局、轻机动车辆检验协会	考虑到汽车的驾驶带来了许多社会成本，并且对道路和其他社会基础设施的改善有强烈的需求，因此要求广泛的汽车用户承担负担
韩国	环境激励补贴	环境改善基金的软贷款	1984 2002	环境部	环境改善基金的软贷款
		环境技术研发补贴	2001 2002	环境部	对未来核心环境技术发展的补贴
		环境设施和设备投资的税收抵免	1998	/	减少进口污染防护和废物处理设备的关税。外国公司投资特殊电器和技术的所得税和公司税减免。对污染控制和节能设施投资的所得税和公司税减免
	税	生态环境保护费	1997	环境部	/
	收费	噪声相关的着陆费	1993	国土、运输和海洋事务部	飞机着陆

续表

国家	环境政策工具	名称/类型	引入和修订年份	机构	子方案
韩国	自愿办法	环境印章使用认证	1992 2002	环境部	环境印章使用认证
		指定绿色公司	1995 2011	环境部	指定环保公司
		绿色建筑认证	2002	环境部	绿色建筑认证
		自愿环境管理协定	1999 2002	环境部	自愿环境管理协定
荷兰	环境激励补贴	国际合作	1950 2011	VROM	欧洲合作。世界合作
		交通噪声削减	/	住房、城乡规划和环境管理部	减低交通噪声；安静道路
		气候技术与交通运输创新示范方案（DKTI）	2017	/	DKTI-Transport 补贴计划支持可持续交通解决方案的示范项目，这些项目尚未上市，但具有良好的商业潜力。它的目标是低或零二氧化碳排放的解决方案，例如电力运输、高效船舶、氢运输、航空和水上运输以及重型公路运输的生物燃料
		电动乘用车补贴计划（SEPP）	2020		SEPP 包括为想要购买纯电动乘用车（小型或紧凑型）供私人使用的消费者提供补贴选择。新车和二手车都有选择
		零排放商用车辆资助计划（SEBA）	2021		SEBA 为想要购买零排放（电动）商用车的公司和组织提供补贴选择
	税	航空噪声税	1990	交通、公共工程和水管理部	对用于机场起降的民用航空器的所有人征收的税。这项税收的收益被用来对这些机场周围的居民区进行隔声。又称民航噪声污染税
		重型车辆税	1995	财政部	/
		车辆税	1994	荷兰税务局、海关局	对拥有车辆（如乘用车、摩托车、货车、拖车或货车）征收的税。这个税既包括国家征收的税，也包括各省征收的附加税
	自愿办法	基本金属部门公约	1993	/	基本金属部门对环境的影响

续表

国家	环境政策工具	名称/类型	引入和修订年份	机构	子方案
挪威	环境激励补贴	对电动汽车的商业使用给予优惠的所得税待遇	/	财政部	对电动汽车的商业使用给予优惠的所得税待遇
		与私人使用电动汽车有关的优惠所得税待遇	/	财政部	与私人使用电动汽车有关的优惠所得税待遇
		电动汽车免征增值税	2001	财政部	促进电动汽车的普及——以限制二氧化碳排放和空气污染
	税	道路使用税（汽油）	1931 2011	挪威税务管理局	对汽油和生物乙醇征收能源税
		道路使用税（柴油）	1993 2020	挪威税务管理局	/
		道路使用税（天然气和液化石汽油）	2016 2020	挪威税务管理局	/
	收费	飞机噪声费	/	/	/
瑞典	环境激励补贴	气候投资	/	/	在地方和区域层面进行气候投资，并支持安装电动汽车充电基础设施
	税	车辆税	/	国家道路管理局	/
		道路使用费	1998	财政部	/
		交通挤塞税	2006 2007	/	/
		道路交通保险税	2007	财政部	一种根据车辆行驶距离、车型等计算的交通保险费税
	收费	与噪声有关的飞机着陆费	1994	瑞典民航局	飞机
		飞机降落排放费	1998	民用航空局和瑞典航空管理局	/
		环境差异化航道费	1998	工业、就业和通信部以及瑞典海事管理局	/

续表

国家	环境政策工具	名称/类型	引入和修订年份	机构	子方案
英国	环境激励补贴	英国农村发展计划	2000 2007	农村发展服务办公室，林业委员会，地方保护办公室和农村支付机构	保护和改善乡村景观和野生动物多样性，为子孙后代保护它们的完整性和价值
		暖锋计划（住房改造）	2001		为家庭提供与收入相关的隔热和供暖改善补助金，使家庭更节能、更温暖、更健康
		温暖家园补助金	2001	北爱尔兰社会发展部	这些拨款旨在支付家庭隔热或中央供暖的改善，使家庭更节能
		通用住宅保温计划	2010	/	2010-11 年推出了“通用房屋保温计划”（UHIS），取代了“房屋保温计划”。UHIS 是一项免费的计划，提供免费的能源效率措施，例如在选定区域的阁楼和腔墙隔热
	税	航空旅客税	1994 2009 2022	财政部，税务和海关总署	在英国机场向乘坐收费飞机的收费旅客征收的费用
		车辆税	1994 2015	司机和车辆管理局	对使用英国公共道路的车辆征收的税，第一年的税率取决于车辆的二氧化碳排放量，随后的付款基于统一的标准税率
美国	环境激励补贴	马里兰-电动汽车供应设备税收抵免	/	马里兰审计长	电动汽车供应设备税收抵免
		俄克拉荷马州-全电动汽车制造税收抵免	/	俄克拉荷马州税务委员会	全电动汽车制造税收抵免
		田纳西州-电动汽车退税	/	田纳西州税务局	电动汽车退税
		华盛顿-清洁替代燃料汽车和高里程混合动力免税	/	华盛顿州税务局	清洁替代燃料车辆和高里程混合动力车辆免税
		华盛顿-电动汽车电池和基础设施免税	/	华盛顿州税务局	电动汽车电池和基础设施免税
		员工停车现金补偿计划（鼓励绿色出行）	/	/	推广公共交通
		学校绿化补助金	2005	伊利诺伊州环境保护局	改善学校环境，节约资源，如购买照明和节水传感器，原生植物美化，无毒清洁用品，绿色化学课程教材，堆肥设备，回收物野餐桌等

续表

国家	环境政策工具	名称/类型	引入和修订年份	机构	子方案
美国	环境激励补贴	促进良性森林管理和土地保护的补贴	/	伊利诺伊州自然资源部，资源保护和管理处	鼓励利用、保护和管理林地
		减少道路运输对环境不利影响的补贴	/	/	减少道路运输对环境的负面影响
		全电动汽车制造税收抵免	/	/	推广使用电动汽车
		合格的保护性捐款税收抵免	/	/	促进景观保育
		电动车补贴	/	/	推广电动汽车
		河岸航道缓冲税收抵免	/	/	限制水污染，保护景观
		汽车电池和发动机研究税收抵免	/	/	推广混合动力和电动汽车
		电动汽车电池和基础设施免税	/	/	推广使用电动车
		清洁替代燃料汽车和高里程混合动力汽车免税	/	/	推广清洁车辆
		交通减税额抵免	/	/	减少交通拥堵
	收费	对以液化气体为动力的机动车辆征税	/	/	/
	税	印第安纳州-飞机执照消费税	1950	印第安纳州税务局	飞机登记
		联邦重型卡车和拖车税	/	美国联邦税务局	/
		车辆重量费	/	/	/
		联邦重型公路车辆使用税	/	美国联邦税务局	/
		机动车辆附加费	/	/	/
		车辆税	/	/	/
		内河船入场税	/	/	/
		汽车业权费	/	/	/
		商业客船消费税	2006 2010	/	/
		飞机执照消费税	/	/	/
		联邦水上客运税	1990	美国联邦税务局	/

/：未获得相关信息；上述内容来自网站 https://oecd-main.shinyapps.io/pinedatabase/

附表 2-2　各国噪声税情况

序号	国家	名称/类型 噪声税/费	引入年份和修订	指定用途	一般税基	特定税基	税率	税率差异	豁免类型
1	日本	飞机噪声费用	1975	这项收费的主要目的是融资	噪声	飞机着陆	因机场而异	作为机场使用费的一部分	
2	韩国	与噪声有关的着陆费用	1993		噪声	飞机着陆			
3	澳大利亚	飞机噪声费（税）	始于 1995，并于 2010 结束。当前噪声是由法规管理。	100%-征费收入用于资助机场附近的噪声改善措施	噪声	飞机着陆	复杂的公式，基于噪声评价		
4	法国	航空噪声污染税	2005，这项税收过去是污染活动一般税收的一部分，2013 年被单独出来，专门用于附近住房的隔声基金。	100%-附近房屋隔声基金	噪声	起飞时的最大飞机重量			起飞少于 2 吨的飞机、国家飞机或参加民防或消防任务的飞机
5	德国	飞机噪声费用	2010		噪声	飞机着陆	因机场而异	根据目的地国家和旅客人数，税率为每名旅客 7.50 欧元、23.43 欧元或 42.18 欧元	
6	匈牙利	噪声消减征费	1950，2010 进行修订		噪声	超过现行噪声限值的现有机构单位。超过现行噪声限值的新建道路、铁路或机场	复杂公式	税率取决于高于噪声限值的公共建筑物的房间数目和需保护的房间数目，以及超出限值的程度	

续表

序号	国家	名称/类型 噪声税/费	引入年份和修订	指定用途	一般税基	特定税基	税率	税率差异	豁免类型
7	意大利	飞机噪声税	1990年。该税在2000年由国家税转变为地方税。	这笔费用100%归地方环境当局，用于补贴和补偿机场附近的市政当局和公民。	噪声	一类飞机的起降 二类飞机的起降 三类飞机的起降	每t 0.25欧元，大于25吨-每多一吨0.33欧元。 每t 0.19欧元，大于25 t-每多一吨0.24欧元。 每t 0.06欧元，大于25t-每多一吨0.08欧元	各地区和自治省可以通过地方法律区别税率。税率可根据飞机吨位的不同而有所不同，这符合关于声响认证的国际规定（三类飞机）	公共服务豁免：运送国家当局的航班；与卫生和紧急服务有关的航班；属于军队的飞机
8	荷兰	航空噪声税	1990	100%用于机场周围的房屋和其他建筑物的隔声。	噪声	飞机噪声	每台噪声产生器95.75欧元	对于Lelystad机场，每台噪声产生器为25.11欧元	免税重量小于390 kg的所有飞机。螺旋桨驱动的飞机，免税重量小于6 000 kg。在机场周围已完成隔声工程的机场着陆
9	瑞典	与噪声有关的飞机着陆费	1994	100%用于噪声相关措施，如机场附近房屋的隔声和其他降噪措施。	噪声	飞机	每种飞机的费率都是单独设定的	不同机场的费率不同。每个机场都有最高和最低收费	飞机< 9 t
10	土耳其	飞机噪声费用	1950	100%-资助环境污染预防基金	噪声	飞机活动	客票价格的0.5%和每吨运输货物的前置费率		
11	芬兰	空中交通服务费	2009	用户/服务费-全额专用-航空安全	空运	多重收费	变化	税率因机场、飞机的大小、使用航站楼的乘客人数、停车时间、离开和到达时间以及飞机的噪声率而异	

第三章

噪声经济补偿制度

有别于水、大气和固体废物污染，噪声污染属于感觉公害，存在即时性、无累积效应及个体影响等特点，这些影响内化为环境成本相对较低，因此通过经济补偿手段能够很好地解决噪声对公众的影响。尤其是在当前，噪声污染投诉长期居高不下而行政管理力量薄弱，如何充分发挥经济补偿机制在声环境管理中的作用，是我们当前急需解决的问题之一。

一、经济补偿管理现状

经济补偿包括搬迁补偿、隔声措施补偿、现金补偿等多种形式。另外，根据噪声污染定义（超过噪声排放标准或者未依法采取防控措施产生噪声，并干扰他人正常生活、工作和学习的现象），噪声污染即造成侵权损害，那么在噪声污染防治中，经济补偿涵盖了噪声污染造成他人损害的侵权损害赔偿。该项良好经验也已写入噪声污染防治法中，法律第 86 条规定：国家鼓励排放噪声是单位、个人和公共场所管理者与受到噪声侵害的单位和个人友好协商，通过支付补偿金、异地安置等方式，妥善解决噪声纠纷。

（一）经济补偿是交通噪声污染防治的重要手段

交通项目环境影响评价中确定的防护距离或红线常常是项目周围拆迁和补偿的依据。例如机场噪声，对于超过 80 dB 的区域，居民住宅、医院和学校予以搬迁；对于小于 80 dB 的区域，居民住宅采取隔声防护措施，隔声后仍不满足要求的予以搬迁。通过设置环保拆迁红线有效地降低了噪声的环境影响。另外，当前环境保护税只针对工业噪声开征噪声环保税，并且已废除对其他重点领域如建筑施工噪声和社会生活噪声排污收费制度。经济补偿无疑是当前这些领域噪声污染防治可实施的经济手段之一。

（二）经济补偿在处理噪声投诉问题上发挥有效作用

近年来，噪声污染投诉居高不下，占环境污染投诉的 40%左右，居环境污染投诉的第二位，仅次于大气污染投诉。其中，社会生活噪声和建筑施工噪声的投诉率最高。建筑施工噪声存在时限性，社会生活噪声往往是对个体产生影响。通过经济补偿能够有效解决噪声短暂影响及对个体的影响，从而解决噪声污染遗留问题。对于偏远地区，仅有部分住宅或设施距离工业企业或交通设施较近而产生影响，经济补偿的效果更为明显。

（三）地方初步建立施工噪声经济补偿机制

在我国以城市为主体的噪声环境管理体系中，地方政府依据声源特点并结合受影响人群的利益，建立经济补偿办法。北京颁布《北京市建设工程施工现场管理办法》规定：进行夜间施工产生噪声超过规定标准的，对影响范围内的居民由建设单位给予经济补偿。《北京市人民政府关于维护施工秩序减少施工噪声扰民的通知》给出具体的补偿办法：根据居民受噪声污染的程度，按批准的超噪声标准值夜间施工工期，以每户每月 30 至 60 元的标准给予补偿。2021 年 6 月北京市修订了施工噪声补偿办法，根据受影响情况，可获得 70～277 元/户月的补偿。上海、杭州等地采取施工期间租用酒店等措施为受影响居民提供临时安置处所。各地当前逐步建立了生态环境损害赔偿机制，但该机制不适用于因污染环境、破坏生态造成人身损害、个人和集体财产损失要求赔偿。

二、存在的问题

噪声经济补偿机制初步建立，取得了一定成效，但噪声经济补偿的范围仍然偏小、标准偏低，保护者和受益者良性互动的体制机制尚不完善，一定程度上影响了环境保护措施行动的成效，须进一步健全噪声经济补偿机制。

（一）噪声经济补偿责任主体不明确

我国当前尚未有法规标准针对噪声经济补偿的责任主体给予界定和说明。项目相关方包括政府部门、建设单位和运营单位对噪声治理重视程度不够。虽然对搬迁、规划调整等要求作出了相应承诺，但实际操作上由于没有进行清晰的责任划分，导致责任主体不明确，出了问题没人管。我国尚未有法规标准落实环保拆迁。针对这类的拆迁补偿，单靠建设单位难以实施，若依靠地方政府，地方政府需结合城市发展规划和土地利用规划来统筹考虑，而规划实施常常滞后于项目工程的建设，因此严重影响环保搬迁进度。

（二）噪声经济补偿范围狭窄

我国当前只针对项目审批过程及施工过程有补偿法规标准要求；项

目建设运行后，对于超标扰民的现象，尚未建立补偿机制，使得人民群众只能通过一系列复杂的司法程序才能获得一定的经济补偿。另外，公共利益的需求常常导致声环境功能区降级，例如，随着城市结构和功能的调整，工业园区往城市外发展，导致了所在地声环境功能区降级。我国当前尚未有功能区下降而获得补偿的相关规定，未对受益方提出补偿要求，也无法落实对受害方的经济补偿。

（三）噪声经济补偿资金到位难

部分项目在可研报告中少列或者不列经济补偿费用，从而影响到降噪工作的开展，并且项目征地红线外的搬迁费用不列入工程概算中。一些大型项目如机场噪声综合治理项目费用巨大，很难单纯通过企业或政府来解决，从而引发多种问题。例如受首都机场扩建工程机场吞吐量的进一步增大，以樱花园小区居民为代表的群访事件高发。除了樱花园小区外，对机场周边超过 75 dB（A）治理限值的十余个村庄，鉴于农村房屋的实际情况，进行隔声窗改造降噪效果不理想，为根本解决问题，拟实施搬迁。然而当前由于资金未落实而未有实质进展。

（四）噪声经济补偿力度不够

我国噪声经济补偿力度不够，一方面未起到约束企业采取措施降低噪声的排放；另一方面当前噪声补偿的管理过度依赖于项目建设单位与噪声影响公众的协商确定补偿办法。补偿主体是建设单位，建设单位为了追求利润，往往尽可能压缩拆迁补偿标准，而造成拆迁人与被拆迁人矛盾激化。另外，当前我国尚无噪声影响评估机构，难以依据市场手段给出噪声合理的补偿数量。

三、国外及港澳台经验

我国实施环境经济政策比较晚，而欧盟、英国、美国、日本及港澳台在这方面积累了大量的经验。因此，有必要调研这些国家和地区经济补偿机制在声环境管理中的应用情况。

（一）制定经济补偿法规政策

欧盟（EU）通过其《环境噪声指令》（END，2002/49/EC）要求成员国定期评估主要道路、铁路、机场和城市的噪声水平，并制定行动计划以管理和减少噪声污染。虽然这一指令主要关注噪声评估和管理，但一些成员国基于此制定了经济补偿机制，比如通过为受噪声影响的房产提供隔声改造资助等方式。德国有较为完善的噪声保护条例，特别是在交通噪声方面，一些地方政府提供噪声受害者经济补偿，包括为受影响的住宅提供隔声窗的资金支持。在英国，为基础设施项目制定特定噪声补偿方案，主要包括机场扩建、新建高速铁路等。例如，希思罗机场有一个社区补偿计划，为受飞机噪声影响的住户提供资金以进行隔声改造。在美国，联邦航空管理局通过其机场噪声兼容性规划为受机场噪声影响的社区提供资金支持，用于噪声减缓措施，此外，一些州和地方政府也有自己的噪声补偿政策。

日本有一套相对完善的噪声污染防治法律体系，在某些情况下，受噪声影响的居民可以获得政府的补偿，尤其是在交通噪声（如高速公路、铁路）影响较大的情况下。

（二）建立航空噪声经济补偿机制

欧盟、意大利、芬兰、美国等国家建立了较为完善的机场环境噪声补偿机制。欧盟委员会在关于航空运输和环境问题上提出采用经济手段来促进航空公司使用低噪声飞机，降低飞机噪声影响。意大利征收飞机噪声税，噪声税的40%给予基础设施和交通部、25%给予环境和土地保护部、35%给予中央预算，用于补偿住在机场附近的人口。芬兰目前在减少噪声政策中使用的唯一经济手段是对在赫尔辛基-万塔机场乘坐涡轮喷气式飞机夜间起飞的飞机收取噪声费用，并用于补偿机场附近的人口。在美国，任何人取得机场周围地区的财产权益后，由于机场内飞机类型或频率的变化、机场布局变更、飞行模式的改变或夜间作业增加而造成损害，依法可追讨经济补偿。

（三）建立损害赔偿和经济补偿协同机制

日本采用了与污染有关的健康损害赔偿制度（PHDCS），根据该制度，行政当局可以通过简单和非司法程序确认与污染有关的损害，并迅速向受害者提供赔偿。PHDCS 由固定污染源征收的污染税（80%）和机动车吨位税（20%）供资。如果行政当局和公众代表有矛盾，而无法通过司法或行政程序找到解决办法，则采用独立的争端解决机制。这包括国家环境争端协调委员会和各省的污染审查委员会。委员会通过调解、调停和仲裁以解决运输噪声、空气污染和气味等主要问题。英国自上世纪 90 年代初以来，有关噪声水平的投诉急剧上升。在英格兰及威尔斯，每年约有 20 万宗与噪声有关的投诉。大部分投诉是通过非正式协商的方式，即损害者给予赔偿和受害者获得经济补偿的办法解决。

（四）采取经济补偿激励政策

一些国家和地区规定了多项中央与地方政府对环境保护活动的激励措施。中央政府依法设置各种环境基金，负责环境清理、复育、追查污染源、推动有益于环境发展事项；各级政府加强环境保护公共建设，提升环境品质，并对受益者或使用者征收适度费用，对受害者给予经济补偿。英国1999年发布的一项国家战略“可持续分配”提出建立公私伙伴关系，以减少货运造成的城市空气和噪声污染。国家加大了对多式联运铁路货运站点和新型机车的投资及国家财政支持；在权衡环境效益基础上对货运设施和轨道使用给予经济补偿。美国在安静社区法条中要求政府给予经费支持噪声对财产和人类活动的经济影响，以及在噪声控制中使用经济激励政策，建立示范区域。

（五）制定详细经济补偿办法

台湾和日本建立详细的经济补偿办法，确保补偿资金用于搬迁、防噪措施及公共设施上。日本的补偿办法首先根据噪声影响程度进行分区，分成 75～80 dB、80～90 dB 和大于 90 dB 三个区，分别采取不同级别的隔声措施达到隔声效果分别为 20 dB、25 dB 和 30 dB，在建设完成住宅的升级改造并验收满足要求，可申请并获得相应的经济补偿。台湾经济补偿办法给出了补偿金的分配公式，公式考虑在噪声防治区内不同村庄有不同的权重，基于村庄的面积和户数计算补偿金额，并详细说明补偿金的具体用途，包括奖助学金、社会福利补贴、文化活动补助、基层建设经费补助、各项公益活动补助等。

四、建立我国噪声经济补偿制度的建议

经济补偿纠纷解决机制在噪声环境管理尤其是处理噪声污染遗留问题方面发挥重要的作用，针对我国目前噪声经济补偿现状，仍需采取一系列措施加以完善。

（一）强化政府在公共利益征收补偿中的主体作用

针对公共利益，例如大型基础设施建设的征收过程，为了避免建设方压低补偿金或补偿金额到位难等诸多问题，政府应承担补偿主体责任。一是落实新噪声法中地方政府的职责，明确政府为公共利益征收的经济补偿责任主体，建立噪声污染控制经济补偿机制。二是应规定市、县级以上地方人民政府为公共利益征收与补偿主体。发挥地方对声环境保护的主导作用，加强制度建设、完善法规政策、创新体制机制、拓宽补偿渠道，通过经济、法律等手段，加大地方政府购买服务力度。三是推进横向噪声补偿，研究制定以地方补偿为主、中央给予政策指导的补偿机制办法。四是按照权责统一、政府主导、统筹兼顾原则，着力落实交通噪声、工业噪声、建筑施工噪声补偿任务。

（二）多渠道筹措资金，加大经济补偿力度

通过政府或市场手段，积极筹措“污染者付费”和“使用付费”资金。直接或转移支付到声环境保护的责任主体手中，用于支付噪声经济补偿费用。一是完善噪声收费机制。除了工业噪声征税外，对交通噪声、社会生活噪声和建筑施工噪声采取收费机制。建立噪声治理专项基金用于搬迁居民或购买项目附近空地，加强项目噪声影响区域建筑物的隔声，实际解决地区噪声问题。二是相关受益者付费。交通设施和机场等大型项目的建设除了给政府带来收益外，还将极大地带动周边基建设施的发展。建立相关受益企业的回馈金制度，为长期、持续解决项目噪声问题提供保障。此外，对于工业、交通等设施建设导致临近声环境功能区降级的，积极探讨受益者付费的相关事项，并对功能区降级区域给予补偿机制。三是其他融资渠道。其它基金或资金的投入，如通过在《节能减排专项资金》中设置一定比例的噪声治理资金等。通过吸引各类社会基金、资金的投入，补充噪声治理资金。

（三）补偿过程程序化，尊重受影响人群意愿

制定噪声经济补偿办法或程序是规范政府征收行为，维护受噪声影响公众的合法权益，促使政府做好群众工作的重要保障。一是提高了对征收补偿方案的公众参与程度，征收补偿方案应征求公众意见，多数受害方认为补偿方案不符合其合法权益，应当组织听证会并修改方案。二是对于涉及大范围的征地拆迁活动，按照前期补偿、补助与后期扶持相结合的原则，妥善安排受影响方的生产和生活，保护其合法权益。三是经济补偿的标准、范围和补偿期限等情况应当公布，并确保受影响公众知悉或推动其知悉相关内容。

（四）将补偿资金用在刀刃上，切实解决污染问题

在实施经济补偿时，建立详细的噪声补偿方案，使得补偿资金用在噪声污染防治上。一是针对个人的补偿。首先进行现场踏勘，给出解决噪声污染的多种方案并进行方案比选，给出最佳可行方案，将方案列入补偿合同。获得补偿单位和个人应依据最佳可行方案进行房屋的隔声改造等。按要求进行改造并满足隔声要求后获得剩余的补偿金或补助金额。二是针对区域的补偿。区域补偿的主体为地方政府。地方政府根据不同区域影响程度给予不同的权重，制定详细的拆迁方案和防护措施实施方案，以满足受影响方的合理要求，达到噪声污染防治的目的。三是建立补偿金管理执行小组，专责办理补偿金收支、运用与管理。

（五）建立经济政策协同机制，发挥市场力量

当前采取监管手段和与工业界协商达成的协议仍然是最常见的噪声管理方法。应积极发挥市场为基础的经济手段在噪声环境管理方面的作用。一是建立环境税、污染者付费、使用者付费与经济补偿协同机制，推进四大领域噪声污染防治，并通过有针对性的经济补偿措施解决噪声税等收费制度对收入分配的潜在不利影响。二是对低噪声产品的开发和使用给予财政补贴，通过市场手段逐步淘汰落后的高噪声产品。政府支持低噪声产品研究，并制定低噪声产品认证制度，将评估后能够替代现有高噪声产品并且符合政府采购规格的产品列入政府采购目录中。

第四章

“Buy Quiet”政策经验

美国、欧盟、澳大利亚等国家推动购买宁静计划即“Buy quiet”，鼓励制造商努力提供其生产机械设备声学性能的清晰易懂的信息，对于轮胎、电脑、家用电器等产品设置清晰易懂的噪声信息标签，从而有助于改变公众的消费习惯。噪声污染涉及生产、生活的各个方面和各个领域，完全靠后端行政监督，成本高。鼓励公众购买“宁静”，激发市场活力，形成社会共治良好新局面，可以有效降低环境治理与行政监管成本。本章调研“Buy Quiet”政策的背景及当前的实施情况，总结了实施经验和下一步完善的方向。

一、背景

“Buy Quiet”概念最初是在美国国家航空航天局（NASA）实施综合计划开发的，用于工业噪声控制，并通过美国国家职业安全与健康研究所（NIOSH）在政府的其他部门推广，其开始是一项职业健康和安全预防倡议，鼓励公司在新购买或更换旧机械时购买或租赁更安静的机械，以减少工人暴露在噪声中。当前欧盟以及 NIOSH 已经开发建立机械和设备的噪声水平数据库，例如欧盟建立了室外设备的噪声排放数据库，NIOSH 开发电动工具数据库，向工具购买者、用户和电动手动工具制造商提供噪声数据，促进“Buy Quiet”计划的实施。“Buy Quiet”通过控制机械设备产品源头噪声，在设备设计和制造过程中使噪声较低，该方法比在制造后实施噪声控制更有效且更经济。“Buy Quiet”计划是将降噪控制分配给设备设计和制造商，降低购买者、承租人或最终用户噪声控制要求。在成本效益方面，当考虑到机械设备的生命周期成本、可能的听力损害的赔偿要求、与企业听力保护计划相关的成本、医疗保健成本（如助听器）和生产力损失等，更安静的设备的成本最低，保守估计，在购买更安静的机械设备时，每个人净现值效益 3 000 美元，总体净现值效益 30 000 美元。这种节省适用于各种机械设备。

二、实施情况

2009 年，美国国家航空航天局（NASA）实施了“Buy Quiet”，开发了在线工具“Buy Quiet Roadmap”供全世界的听力保护者、声学工程师和教育工作者使用，该工具支持听力保护实践的应用程序，并提供产品的集合，可促进低噪声设备识别及对“Buy Quiet”计划的评估。西澳大利亚州政府和商务部积极推动“Buy Quiet”计划，详细介绍了通过购买更安静的设备来降低噪声的案例。2011 年 7 月，国际噪声控制工程学会举办了“通过简化产品噪声评级诱导购买安静”研讨会。此外，国际噪声控制工程学会专门设置一个技术研究小组，致力于制定和推广“Buy Quiet”倡议，研究如何让公众更容易获得噪声水平信息。“Safe In Sound”是美国国家听力保护协会与 NIOSH 合作的一项奖励计划，对在噪声控制工作中贯穿了“Buy Quiet”元素给予奖励。美国国家工程师学会（National Academy of Engineers）将“Buy Quiet”原则作为其“安静美国技术”（Technology for a Quieter America）报告的一部分，该报告旨在向国会通报噪声控制的问题和最新进展。正如该报告所指出的，“……出于健康、个人生活质量和国家经济竞争力的原因，我们的国家需要解决噪声问题。”

美国、欧盟、澳大利亚等国家均在努力减少产品和机械设备的噪声排放，但机械设备的噪声仍然是工作场所和社区噪声过大的主要原因。在某些情况下，甚至法律要求也无效。例如，欧盟要求制造商设计噪声水平最低的机械设备，并向潜在购买者提供噪声排放信息，允许客户选择安静的机械设备。然而，欧洲 2016 年开展的噪声机械指令（NOMAD）调查显示，从检查的 1 500 多份机械说明书中，80%的噪声排放声明是不正确的，并且没有提供必要的信息。所提供的信息不足以支撑机械设备的购买者选择相对安静的机械设备。在机械设备市场，机械设备噪声排放的透明程度及可获得性还远远不够。还有其他市场，例如 IT 行业和一些家用电器，还应进一步探讨公众如何很容易地获得噪声的声明，从而有助于降低噪声水平。总的来说，迫切需要进一步努力，更好地在各个市场推广“Buy Quiet”的理念。

三、几个经验及下一步建议

让我们的世界变得更安静的最有效、最便宜的方法是从源头上减少噪声，并使用更安静的车辆、机械设备和产品。除了交通领域外，应为大多数其他应用领域（家庭、休闲、工作和工业中）开发更安静的产品。2016年欧洲国际噪声控制工程学会提出：许多产品的降低目标应该是 10 dB 或更多，而不是 3～5 dB，当前国际实施“Buy Quiet”的主要经验及下一步的方向总结如下。

（一）欧盟从能源标签到当前的噪声标签，开发了更好的产品的激励措施。行政手段可以提高产品的“绿色”性能，包括能源效率和低噪声排放。在不到 20 年的时间里，欧洲为家用电器引入的能源标签极大地提高了产品性能。标签和相关竞争促使市场上更好的产品的开发。市场监督对于避免“搭便车者”的不公平竞争至关重要。

（二）如何提高开发和推广低噪声产品制造商的市场份额和盈利能力？更安静的产品在技术上适用于大多数应用领域（家庭、休闲、工作、工业），其通常更节能，而不一定更昂贵。此类产品已在家用电器（洗衣机和洗碗机）、办公电器（打印机和硬盘驱动器）暖通空调（空调）、园林设备（链锯、吹叶机）、空气压缩机和工具等关键行业成功开发，有时降幅超过 10 dB。然而，开发和推广低噪声产品并不是其他制造商的优先事项，影响我们生活的其他噪声产品数量仍然很大。一些已经开发出低噪声产品的行业在宣传材料中没有使用这一功能。在一些分支机构，制造商之间达成了默契，不在降低产品噪声上竞争，只遵守强制性限制，严重削弱了对生产更安静产品的竞争。

为了解决上述问题，有效促进低噪声产品的开发和“Buy Quiet”，首先，有针对性的激励措施和相关方参与的广告宣传活动至关重要。其次，立法也可以发挥非常重要的作用，能使购买者和用户意识到低噪声产品的重要性。最后，产品形象需要管理，例如，宣传“无声的力量”而不是“嘈杂的力量”。

（三）提供有关产品噪声排放的信息。欧美国家根据产品类型和潜在购买者或用户的不同，提供产品噪声信息的主要方式有两种：一是专门针对产品线专家或噪声控制工程师的产品噪声声明；二是专门针对非专业人士，但适用于所有购买者的简化的噪声评级，使他们能够比较同类型的产品。

噪声声明方法在采购中得到了相当成功的应用，但由于在全球范围内制造商、供应商和潜在用户缺乏了解，他们对分贝标度和频率关系等的理解较困难，并且对声功率和声压级感到困惑，因此在多个领域发现了噪声声明的局限性。多年来，欧盟对各种专业产品实施了强有力的详细噪声排放值申报规定，并制定了相应的测量标准。然而，除了少数例外，该方法并没有发挥应有的作用；并且噪声排放声明的质量很差。为了改善声明质量，欧盟当前详细定义了新声明的程序。

简化噪声评级。现有的噪声评级过于复杂，公众既不了解产品的噪声信息，也无法广泛获得这些信息，在全球范围内的制造商、供应商和用户获得该信息也存在困难。因此应通过简化标签加以补充，噪声信息应该以比较的方式呈现，并且应该能够区分低噪声产品和刚好符合要求上限的产品。应简化产品噪声评级，以易于理解的方式向公众提供噪声水平信息，包括足够的信息，使公众能够做出明智的购买决定；回答消费者提出的两个关键问题：这个产品的声音有多大？”以及“与其他类似产品相比，这款产品的声音有多大？”，下图 4-1 给出了欧盟轮胎标签的示例，可以直观回答上述两个问题。

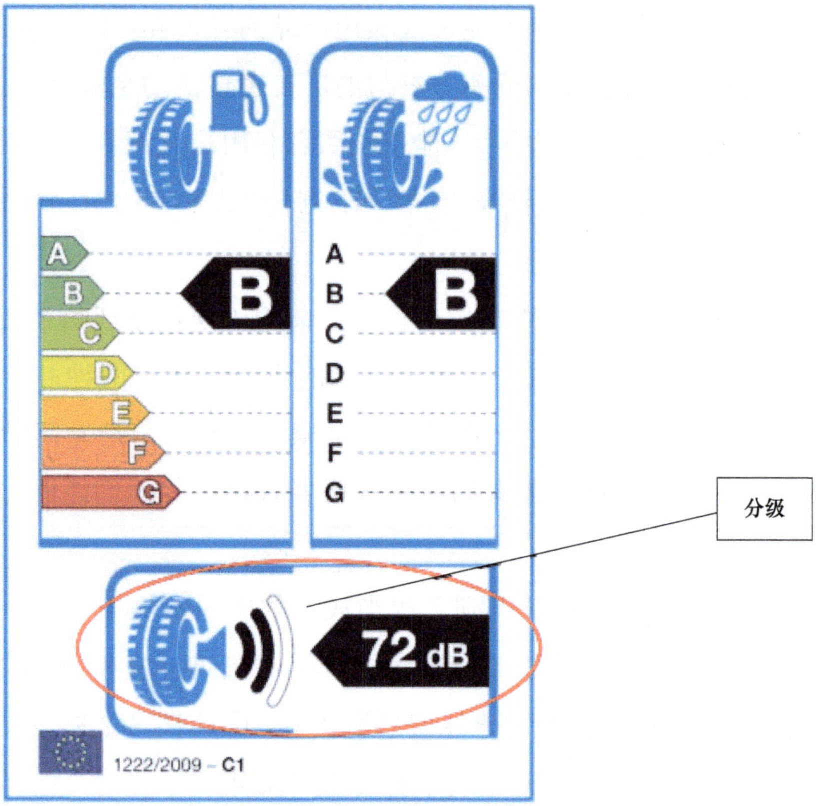

图 4-1　欧盟轮胎噪声标签示例

（四）“一系列级别”的数据库的建立、更新并提高其可信度。有必要获得跨度有时超过 20 dB 的类似产品的噪声级范围信息，以帮助购买者进行选择，并激励制造商降低其产品的噪声级别。当前欧盟已经为各种类型的产品（如机床和户外使用的机械）建立了数据库和噪声级别。提供噪声排放声明是每个机械设备制造商必须遵守的法律义务。然而，实践表明，关于噪声排放的信息质量通常不仅很差，而且缺乏有关相关机械设备数值范围的数据。机械设备的噪声值在这类机械设备的代表性值范围内的位置比噪声值本身更重要。关于不同机械设备噪声的数据库可能有助于让消费者了解给定 dB（A）值的真实含义，如 NIOSH 关于手持工具声音的数据库所示。

欧盟要求成员国对提供给欧盟委员会的噪声排放数据的质量负责，这些数据将被录入户外机械指令数据库。数据库中提供的信息的可信度至关重要，它依赖于设备齐全的实验室和称职的工作人员进行的测量、正确的申报、永久的市场监督，最重要的是使用共同商定的方法或标准。只有在考虑到社会和经济影响的情况下，才能根据欧盟户外机械指令对新机械设定进一步的噪声排放限值。

（五）认证标签及如何将其与噪声声明或噪声评级相结合。旨在表示产品“环境可接受性”的认证或“环保”标签，除了功耗、危险物质和电磁辐射外，还可能包括产品噪声水平。当前国际上有二十多个标签，要获得此类标签的资格，产品必须符合该标签规定的所有标准。从鼓励低噪声产品的角度来看，由于只涵盖了少数几个产品组，而且只有少数标签包含产品噪声水平，因此存在一些不足。

德国“Blue Angel”在促进竞争方面取得了巨大成功。然而，如果一个噪声排放非常低的产品不能满足一个噪声标准，并且没有明确的实际噪声水平声明，那么其就不会被授予“Blue Angel”。一些国家非政府组织或机构开发了更具体的支持安静产品的标签，例如英国的 ssSH 标志和安静标志倡议，法国的“Golden Decibel Award”。此类没有披露产品的实际噪声水平，也没有设立标识的正式标准。

（六）鼓励所有购买者购买安静。在许多情况下，购买低噪声产品是买方和卖方谈判的结果，也是全球低噪声机械设备报价的显著改进。将“Buy Quiet”概念扩展到公众使用的所有产品，应该会提高人们对选择的认识，从而提高人们对安静产品的可用性的认识。然而，“Buy Quiet”概念目前似乎还没有被广泛接受，尤其是在社区噪声控制中。在产品购买者和消费者中培养“Buy Quiet”的态度是一项非常艰巨的挑战。

（七）利益相关者在培养“Buy Quiet”态度方面可以发挥的作用。市政当局对城市街道上使用的设备的噪声问题的关注程度因城市和国家而异。《欧盟公共采购指令》鼓励欧洲当局要求提供比合法合规更严格的“绿色”产品，以增加竞争。IT 行业采取了“环保宣言”，该宣言为欧洲公开招标中的 IT 产品设定了噪声要求。

提高人们对噪声问题的认识和宣传的手段越来越依赖于媒体和社交网络。应大力鼓励与行业和制造商合作，为新的“安静”市场制定商业案例。消费者在购买产品时主要依赖零售商提供的建议或信息，让零售业参与进来，让最终消费者购买更安静的机械设备，这也将为零售商带来全面的好处。

国际标准化组织（ISO）等制定了一系列噪声标准，包括确定噪声排放水平的基本标准《ISO 3740 系列通过声压测量测定声功率级》《ISO 9614 声强测量法测定声功率级》等、基本噪声排放申报和验证标准《ISO 4871 机械设备噪声排放值的声明和验证》等，以及噪声排放值比较标准。

贸易协会可以在向购买者和行业提供产品噪声声明方面发挥关键作用。他们处于获得和提供这些信息的理想位置，非常适合创造向购买者灌输信心所需的“公平竞争环境”。

应该有国际组织参与“Buy Quiet”活动中。国际工程与技术科学院理事会（CAETS）噪声控制技术委员会拥有广泛的工程专业知识，由国际噪声控制工程委员会（I-INCE）专家小组支持，为政策制定者提供了独立的声音和信息来源，说明在减少主要噪声源的噪声排放方面技术上的可行性。

第五章

强化环境经济政策在机场噪声污染防治中的应用

随着我国民航运输业的快速发展，机场数量、规模和旅客吞吐量不断增加，我国机场飞机噪声问题逐渐凸显且呈日益尖锐态势。一些机场如北京首都机场、上海虹桥机场不断受到周边公众投诉，要求机场搬迁或予以补偿。甚至有人为引起社会、政府关注，采取过激行为干扰机场的正常运行。当前在我国机场飞机噪声污染日益严重的阶段，应强化环境经济政策在机场飞机噪声污染防治中的应用。

一、管理现状

近年来，我国机场飞机噪声污染防治工作在管理体系建立、补偿措施的推进等方面都取得了初步成效。

（一）机场飞机噪声管理制度体系逐步完善

新噪声污染防治法建立健全了噪声污染防治保障机制、源头预防、传输管控和受体保护四个方面一整套制度体系，提出机场周围区域划定禁止建设区和限制建设区、航空器产品噪声限值、机场管理机构噪声污染防治职责以及制定综合治理方案等规定，为机场周围区域噪声污染防治工作提供了制度保障。我国《民用机场管理条例》第 59 条规定：在民用机场起降的民用航空器应当符合国家有关航空器噪声和涡轮发动机排出物的适航标准。我国民用航空规章（CCAR）第 36 部《航空器型号和适航合格审定噪声规定》规定有各类飞机噪声限值及测量、评定要求。我国大飞机项目也将减噪作为一项关键技术。按照“管行业必须管环保”的总体原则，充分发挥民用航空等部门在行政管理和技术方面的优势，加强对环境噪声的监管力度。

（二）颁布实施机场周围飞机噪声环境标准

我国于 1988 颁布了《机场周围飞机噪声环境标准》，标准适用于全国范围内所有机场，包括运输机场、通用机场、直升机场、训练机场等，其作用主要体现在三个方面：一是对机场规划和机场周边土地利用提供指导；二是作为机场建设项目环境影响评价及竣工验收的法定依据；三是协调处理机场飞机噪声群众投诉。该标准用于评价特定活动（飞机起飞、降落、低空飞越）对特定区域内敏感目标的影响，它规定一类区域（特殊住宅区、居住、文教区）执行计权等效连续感觉噪声级 LWECPN≤70 dB 的标准；除一类区域以外的生活区执行 LWECPN≤75 dB 的标准。根据该标准适用范围的规定，机场周围区域受飞机通过所产生噪声的影响，执行《机场周围飞机噪声环境标准》，受其他噪声源的影响，仍执行《声环境质量标准》。目前国内机场周围农村居民点一般执行 75 dB 标准，学校和医院执行 70 dB 标准；城市集中居住区执行 70 dB 标准。凡超过上述标准需采取措施，予以控制。新建居住区、学校、医院要求位于 70 dB 等值线以外。

（三）机场飞机噪声经济补偿逐步得到推进

国内对枢纽机场、干线机场一般要求 85 dB（LWECPN）等值线以内区域的居民点和大于 80 dB 的学校、医院予以搬迁；对于支线、小型机场要求 80 dB 等值线以内的村庄、学校、医院予以搬迁。75 dB 以上的居民点和 70 dB 以上的学校、医院采取隔声措施。受首都机场扩建工程飞机噪声影响，以樱花园小区居民为代表的群访事件高发。樱花园小区噪声处理问题按国家发展和改革委员会《关于北京首都国际机场扩建工程项目建议书的批复》（发改交运［2003］1078 号）要求执行，即：樱花园小区的噪声必要时采取改装隔声窗的降噪措施，所需投资由北京市和民航共同承担。除了樱花园小区外，对机场周边超过 75 dB 治理限值的十余个村庄，鉴于农村房屋的实际情况，进行隔声窗改造降噪效果不理想，为根本解决问题，拟实施搬迁。

二、存在的问题

虽然我国在治理群众反映强烈的机场飞机噪声问题上，采取了一系列积极措施，但当前机场飞机噪声污染控制上仍存在多方面的问题。

（一）机场飞机噪声污染问题严重

从 GB 9660—88 颁布实施的 1988 年至今，我国的机场数量、结构都发生了很大变化，机场噪声影响问题日益凸显，噪声影响严重和比较严重的机场数量和占比均有增加，形势不容乐观。近年来民航局平均每年接到噪声信访、投诉 50 次。华中、华东、中南地区有噪声影响的机场数量较多，东北、西北、西南地区相对较少，与我国机场分布东密西疏状况相匹配。31 个直辖市、省会、区首府机场，除拉萨机场外，都有不同程度的噪声问题。少数支线机场也存在噪声影响问题，如安康机场、保山机场等。国内机场周边居民对飞机噪声反应较为强烈的有首都机场、虹桥机场、杭州萧山机场、南京禄口机场、成都双流机场、大连机场、厦门机场等。

（二）机场飞机噪声治理重视程度不够

机场噪声污染是一个极其复杂的社会问题，涉及地方政府、公众、民航管理部门、运营部门等不同的责任/利益主体，由政策、法规、标准、技术、经济和社会发展等多个层面的问题纽结在一起，分析产生的主要原因，既有规划布局问题，也有机场运行问题，需要各相关部门共同负起责任、协调解决。然而，机场项目相关方对噪声治理重视程度不够。虽然对搬迁、规划调整等要求作出了相应承诺，但实际操作上由于没有进行清晰的责任划分，导致责任主体不明确，出了问题没人管；标准规定了不同区域飞机噪声应执行的标准值，但超标后如何解决，没有提出达标规划要求。是否允许 LWECPN 75 dB 以上的区域有噪声敏感建筑物存在，什么条件下必须搬迁，隔声防护是否可行等，很多管理要求不明确，造成各地执行标准尺度不一，争议时有发生。

（三）机场飞机噪声治理经费筹集困难

部分项目在可研报告中少列或者不列经济补偿费用，从而影响到降噪工作的开展，并且项目征地红线外的搬迁费用不列入工程概算中。机场噪声综合治理项目费用巨大，很难单纯通过企业或政府来解决。从而引发多种问题。例如受首都机场扩建工程机场吞吐量的进一步增大，机场周边超过 75 dB 治理限值的十余个村庄，拟实施搬迁。然而当前由于资金未落实而未有实质进展。此外，由于机场噪声对周围环境的影响一直是各国最重要的噪声影响之一，各国已开征机场噪声税/费，而我国机场尚未针对噪声进行征税/费。

三、国外经验

欧美等发达国家在机场飞机噪声的管理上积累了丰富的经验，我们需系统调研各国采取的环境政策手段，以进一步完善我国机场飞机噪声管理体系。

（一）采用平衡法控制飞机噪声

国际民航组织（ICAO）2008 年发布了《航空器噪声管理平衡做法指导》。航空器噪声主要从减少噪声源、土地使用规划和管理、减噪运行程序和运行限制四个方面控制噪声污染。平衡做法为缔约国提供了灵活的方法，各国机场从以上四方面，依据机场的实际情况，制定相应噪声削减措施（图 5-1）。（1）减少噪声源：ICAO 给出了 4 个不同阶段的飞机噪声限值及相应机型的噪声比较。在机场运行中逐步淘汰高噪声飞机，并从飞机制造角度开发新型低噪声飞机。2013 年，ICAO 通过了新的商用飞机噪声标准，比第四阶段飞机噪声进一步降低 7 dB。（2）土地使用规划和管理：通过机场周围土地的合理规划，使住宅和学校等和飞机噪声不相容的土地使用远离机场飞机噪声影响区域，而鼓励将工业和商业等和飞机噪声影响相容的土地使用安排在机场周围；其措施包括综合规划、噪声分区、建筑隔声和建筑限制等。(3) 减噪运行程序：机场的减噪运行程序一般包括采用优先跑道、优先航路等措施，避免或减少航空器在噪声敏感区上空飞行；采用优化地面噪声声级分布的减噪起飞程序和减少油耗和地面噪声的连续下降进近程序。ICAO 已推出了两种低噪声的起飞程序。(4) 运行限制：限制或禁止高噪声飞机在机场起降、限制或禁止使用噪声影响大的跑道、飞机运行的时段限制、架次限制等管理措施减轻飞机噪声污染。附表 5-1 给出了全球 600 个机场采取的噪声限值、经济激励措施及噪声监测等技术手段的情况。

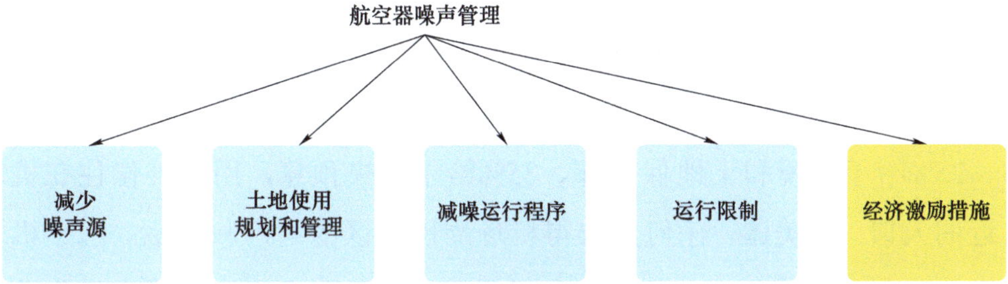

图 5-1　ICAO 平衡做法

(二) 建立航空噪声税收制度

OECD 建立了环境政策工具数据库，从该数据可以看出大部分主要的欧盟国家，美国部分州、澳大利亚、日本和韩国均建立了完善的航空噪声税。国际民航组织在平衡做法中提到了采用经济手段来减少噪声。欧盟委员会在关于航空运输和环境问题上提出采用经济手段来促进航空公司使用低噪声飞机，降低飞机噪声影响。意大利于 1990 年开始征收飞机噪声税，该税于 2000 年由国家税转变为地方税，这笔收入归地方环境当局，用于补贴和补偿机场附近的市政当局和公民。芬兰目前在减少噪声政策中使用的唯一经济手段是对在赫尔辛基-万塔机场乘坐涡轮喷气式飞机夜间起飞的飞机收取噪声费用，并用于补偿机场附近的人口。美国征收管理制度较为严格，拥有完善的环境税收制度，印第安纳州对飞机征收执照消费税。

（三）建立航空噪声经济补偿机制

日本、荷兰、意大利、澳大利亚、法国、瑞典、芬兰等国家建立了较为完善的经济补偿机制，将征收的机场噪声费或税用于噪声相关控制措施上。日本噪声补偿措施主要包括隔声、搬迁补偿和绿色缓冲带设置，其资金来源于根据飞机着陆次数对航空公司征收的税收、燃油税等。荷兰的法律明确规定，将噪声税用于治理噪声污染的整个过程，包括对污染源的监测，建立数据模型进行实验分析，对噪声排放进行跟踪监测直至最后噪声的治理。意大利征收飞机噪声税，噪声税的 40%给予基础设施和交通部、25%给予环境和土地保护部、35%给予中央预算，用于补偿住在机场附近的人口。在美国，任何人取得机场周围地区的财产权益后，由于机场内飞机类型或频率的变化、机场布局变更、飞行模式的改变或夜间作业增加而造成损害，依法可追讨经济补偿。

四、建议

我国机场飞机噪声污染问题严重，存在治理重视程度不够、机场建设与城市发展规划不相容、治理经费筹集困难、评价体系不完善等问题。当前急需借鉴国外机场飞机噪声管理方法和实践经验，完善我国机场飞机噪声污染防治体系。

（一）明确民航相关单位噪声污染防治责任

相关民航单位（中国民用航空局、地区管理局、机场管理机构、航空公司、空中交通管理部门等）应全面介入机场噪声污染防治中，采取有效措施降低飞机噪声的影响。一是中国民用航空局及地方管理局设立飞机噪声监察专员，就飞机噪声污染问题与包括社区团体在内的公众进行联络和沟通；向地区管理局提出建议以解决公众关切的问题，并处理决策过程中的公众意见；就影响该地区的飞机运行（包括到港和离港航线）的拟议变化进行咨询，尽量减少飞机噪声的环境影响。二是机场管理机构应当会同航空运输企业、空中交通管理部门等有关单位，制定机场飞机准入限制，制定减噪运行程序和运行限制。民用机场内设机场噪声管理专员，负责管理机场周围噪声监测，并将民用航空器噪声对运输机场周边地区产生影响的情况报告有关地方人民政府国土资源、规划建设、环境保护等主管部门。三是民用机场所在地有关地方人民政府应当在民用机场周边地区划定限制建设噪声敏感建筑物的区域并实施控制，并会同地区民用航空管理机构协调解决在民用机场起降的民用航空器噪声影响引发的相关问题。四是建立健全机场管理联席会议制度，研究解决机场在规划、建设、噪声控制、净空保护等领域涉及属地管理职责的重大问题。机场管理联席会议成员包括市人民政府有关行政部门、机场所在地的区县人民政府和机场管理机构等单位。

（二）推进机场周围土地兼容性使用

地方政府应积极推进机场周围土地兼容性使用。一是制定详细的土地用途与噪声值的对应关系表。将机场周围土地用途分为居住、公用、商业、加工制造业、休闲娱乐等类别并给出具体用途，噪声级别又分为＜65 dB、65～70 dB、70～75 dB、75～80 dB、80～85 dB、＞85 dB 等不同级别，该表格应反映出大量人群对不同噪声水平的反应的统计结果。二是相容或不相容的土地利用是通过将现场的预测或测量的噪声值与给定的值进行比较来确定的。在考虑当地的具体情况后，对土地使用类别的描述进行调整或修改。三是兼容性土地利用（一般指场地的主要用途）。如果地方政府在某一场地允许其他对噪声更敏感的用途，则兼容性的确定必须基于受噪声影响最大的用途。在适当的情况下，可能需要通过将声音衰减纳入结构的设计和施工来降低噪声水平，以实现兼容性。

（三）推进建立机场噪声收费和补偿机制

采取经济手段控制机场噪声影响。一是除了直接对工业噪声征收环保税外，还应积极探讨机场噪声收税机制，为机场噪声污染防治提供资金保障。二是针对机场噪声影响制定专项收费政策。将噪声收费纳入机场常规收费中，根据机场及飞机起降数量、重量和机型等核定收费额，用于弥补与航空噪声相关的成本，包括但不限于航空噪声监测成本、航空噪声防治设施安装成本等。三是因机场噪声造成损失的居民可获得损害赔偿。因飞机类型或频率发生变化、机场布局变化、飞行模式变化或夜间作业时间增加而导致机场周围居民受到影响或损失的，可申请获得赔偿。四是采取激励措施。对于开发和使用低噪声飞机的企业给予补贴，对于避免空中交通而将内部航班转移到铁路的政策给予激励措施。

第六章

强化环境经济政策在噪声污染防治领域应用的整体性建议

噪声污染与人民群众息息相关。近年来，随着蓝天、碧水、净土保卫战取得显著成效，人民群众对生态环境质量的期望越来越高，对生态环境问题的容忍度越来越低，噪声污染问题投诉举报数量巨大，逐渐成为生态环境质量和城乡人居环境的短板。噪声污染涉及生产、生活的各个方面和各个领域，行政监督管理压力大、成本高，而科学合理的经济手段可以有效降低环境治理与行政监管成本，促进环保技术创新，增强市场竞争力，在噪声治理领域有很大的应用潜力。

一、环境经济政策在我国噪声治理领域应用整体情况

（一）地方财政投入支持噪声治理，但支持力度不够。噪声污染是一种局部性、暂时性、非累积性的物理污染，地方属性明显。当前，部分城市对于噪声污染防治逐步加大投入，如北京、上海、深圳等城市设置交通噪声治理经费，对轨道交通噪声、航空器噪声以及道路交通噪声进行治理；深圳市设置专项资金，支持建筑企业采取有效的噪声污染防控措施；成都市2019—2022年对临街窗户改造提供补助；香港特区政府从1990年开始，由政府提供专项拨款为道路沿途加设隔音屏障和隔音罩，降低噪声对临街住户的影响。但相比于近年大气、水和土壤污染防治资金每年几百亿以上投入来说，噪声污染防治投入资金相差甚远，难以满足人民群众对和谐安宁生活环境的期待。2021 年，全国生态环境信访投诉举报管理平台共接到公众举报 45 万余件，其中噪声扰民问题投诉占全部举报的 45.0%，已连续多年位于各类环境要素投诉的前两位，成为生态环境领域集中投诉的热点和焦点。

（二）初步建立噪声税收机制，但噪声治理资金缺口大。《环境保护税法》对工业噪声开征噪声税，应税噪声按照超过国家规定标准的分贝数确定，征收的环保税全部作为地方收入，增强环境治理能力。然而，我国

仅对工业噪声征税，并且很多省市噪声税税额维持为税法的最低标准，每年征收噪声税总额不到 2 亿元，占环保税收总额不到 1%。交通噪声是城市的主要声源，我国当前存在大量交通噪声污染问题，约三分之一的民用机场存在不同程度的噪声污染问题；以江苏省为例，接近一半的公路路段涉及噪声投诉。交通噪声治理费用高，全封闭声屏障是治理道路交通噪声最有效的手段，按 8 车道计算，建设造价每公里超过 1 亿元以上，噪声治理资金缺口大，无稳定的资金来源。

（三）实施税收优惠等激励措施，但市场主体积极性不高。财政部会同有关部门制定一系列激励政策，对企业购置并实际使用环境保护专用设备享受企业所得税抵免优惠政策；给予环保“领跑者”名誉奖励和适当政策支持；对符合条件的从事污染防治的第三方企业减按 15%的税率征收企业所得税等，然而在一些地方环保“领跑者”评价指标尚未纳入噪声指标，大部分从事噪声治理的第三方企业未享受到税收优惠。低噪声产品的开发和使用企业，政府给予的补贴及激励措施有限，很多低噪声产品尚未纳入政府采购目录，市场主体积极性不高，近年我国噪声与振动污染防治行业总产值呈下降趋势。

（四）探索经济补偿等纠纷解决办法，但良好经验没有很好推广。支付补偿金、异地安置等经济补偿方式能够有效解决噪声纠纷。工业、交通运输项目依据防噪声距离对项目周围噪声敏感建筑物进行拆迁和补偿，可解决噪声污染问题。建筑施工噪声存在阶段性，社会生活噪声通常是对个体产生影响，通过经济补偿能够化解噪声引发的纠纷。例如，北京市制定了建筑施工噪声补偿办法，根据受影响情况，周围居民可获得 70～277 元/户月的补偿。上海、杭州等地采取施工期间租用酒店等措施为受影响居民提供临时安置处所。然而，当前受限于确定防噪声距离的噪声标准尚不完善、经济补偿的标准和范围有待进一步明确、新噪声法确定纠纷解决机制正在建设等原因，上述这些良好经验做法没有得到很好的推广。

（五）试探了价格等手段在噪声污染防治领域的应用，但效果不明显。

除了财政、税收、政府采购等方面的政策和措施外，新疆等发展改革部门对噪声和振动检测收费进行定价，鼓励和支持环境服务产业发展；北京市曾在商品住宅销售价格构成中将施工噪声扰民费列入成本费用，尝试采取价格手段支持噪声污染防治，但是随着价格改革的深入，商品住房不再列入政府定价目录，价格手段没有发挥其效果。此外，其他经济手段例如绿色金融等尚未在噪声污染防治领域得到很好应用，市场活力有待激发。

二、完善我国环境经济政策的建议

习近平总书记多次强调要坚持以人民为中心，积极回应人民群众新要求新期待；要求系统研究谋划和解决法治领域人民群众反映强烈的突出问题，不断增强人民群众的获得感、幸福感、安全感。我们要集中攻克老百姓身边突出的噪声污染问题，切实解决群众“急难愁盼”，为此提出如下完善我国环境经济政策的建议：

（一）加大财政投入，推进噪声治理。各级人民政府应依据法律规定将噪声污染防治工作费用纳入本级政府预算，加大噪声污染防治财政支持。根据声环境管理需要设置专项资金，加大交通噪声污染治理，逐步改善交通干线周围区域声环境质量；鼓励企业采用先进治理技术，打造行业噪声污染治理示范典型；建立施工噪声管理信息平台，对满足条件的施工单位给予补贴，加快施工噪声自动监测体系建立；对公共场所噪声自动监测和显示设施等给予经费补贴或支持。

（二）完善税费机制，强化正向激励。各级人民政府相关部门应严格执法，合理提高税额，加大噪声违法处罚力度；鼓励有条件的地方探索受益者付费机制，针对交通噪声污染等重点领域，完善税费机制，为长期、持续解决噪声问题提供资金保障。吸引各类社会基金、资金的投入，补充噪声治理经费。推动噪声指标纳入环保“领跑者”评价指标，纳入绿色建筑、绿色工地、绿色社区等的评价指标体系，强化正向激励机制。

（三）完善噪声标准，构建纠纷解决机制。我部将加快修订机场周围飞机噪声标准，推动制修订铁路边界、建筑施工、城市轨道交通等噪声排放控制标准，研究制定机场周围区域噪声控制区划分技术规范等，为项目周围噪声敏感建筑物拆迁和补偿提供依据。鼓励有条件的地方制定噪声经济补偿的标准和范围，构建纠纷解决机制，推动社区噪声居民自治管理。

（四）协同多种手段，激发市场活力。我部将推动建设一批环境管理优秀、生活宁静舒适的居住小区典范，通过市场调节及推动房地产业相关的服务价格调整等，激发居民自发建设宁静小区的动力。推动将低噪声施工设备等低噪声产品纳入政府采购目录，推进低噪声产品认证及贴标签制度，鼓励制造商提供设备声学性能的清晰易懂的信息，从而有助于改变消费习惯。鼓励公众购买“宁静”，激发市场活力，形成社会共治良好新局面。

附表　全球机场噪声控制主要措施情况

序号	国别	机场名称	机场译名	噪声排放限值	噪声附加费	噪声监测系统
1	澳大利亚	Brisbane International	布里斯班国际	无	2011 年 7 月对勉强符合第 3 章要求的飞机（最初被认证为第 2 章的飞机）收取 25%的附加费。附加费是着陆费额外增加 25%	可查阅网站 ttps://webtrak.emsbk.com/adl3 https://www.airservicesaustralia.com/community/environment/aircraft-noise/webtrak/ 看噪声监测系统信息（监测站点的布置，适时监测数据与飞行时间等），可以通过如下澳大利亚航空服务局网站查看澳大利亚机场噪声 噪声监测报告：https://www.airservicesaustralia.com/community/environment/aircraft-noise/airports/ 并可以通过查看阿德莱德、布里斯班、凯恩斯、堪培拉、黄金海岸、霍巴特、墨尔本、珀斯、悉尼、阳光海岸机场在线监测结果。布里斯班国际在线监测详见： https://webtrak.emsbk.com/bne3

续表

序号	国别	机场名称	机场译名	噪声排放限值	噪声附加费	噪声监测系统
2	澳大利亚	Adelaide International	阿德莱德国际	无	2007 年 1 月国际航空运输协会机场和航空导航收费手册： 噪声费计算式：费率 × $2^{(ANL-265)}/15$ 其中：费率为 200.96 澳元（免征商品及服务税），ANL（评估噪声水平），以分贝为单位，计算如下：经第 2 章认证的喷气式飞机：ANL 为以分贝为单位横向 + 飞越 + 进场噪声测量值之和再加 3.5 的值；经第 3 章认证的喷气式飞机：ANL 为以分贝为单位的横向 + 飞越 + 进场噪声测量值的总和。 2010 年 7 月根据《国际航空运输协会机场和航空导航收费手册》，该机场已停止征收以下噪声税	监测系统同上。在线监测详见：https://webtrak.emsbk.com/adl3
3	澳大利亚	Gold Coast	黄金海岸	无	无	详见 https://webtrak.emsbk.com/ool3 机场有 3 个永久性噪声监测仪和 1 个便携式噪声监测仪。澳大利亚航空服务局网站上提供了季度报告，并附有显示监测仪位置的地图。从地图上显示的情况来看，有 2 个近距离监测点和 1 个更远的监测点
4	澳大利亚	Cairns International Airport	凯恩斯国际机场	无	无	详见：https://webtrak.emsbk.com/cns3
5	澳大利亚	Essendon	埃森登	只有符合以下标准的飞机才允许在当地时间 23:00 至次日 06:00 之间在机场运营。a）最大起飞重量不超过 8 618 kg 的螺旋桨驱动飞机；b）最大起飞重量超过 8 618 kg 的飞机，但噪声排放水平不超过 i）起飞时为 90EPNdB；ii）接近时为 95EPNdB。飞机的噪声排放水平必须按照《芝加哥公约》附件 16 附录Ⅱ第一卷中规定的程序进行测量，但不允许根据附件第 3 章第 3.5 条规定的程序进行任何权衡	无	详见：https://www.airservicesaustralia.com/community/environment/aircraft-noise/airports/

续表

序号	国别	机场名称	机场译名	噪声排放限值	噪声附加费	噪声监测系统
6	法国	Ajaccio Airport	阿雅克肖机场	无	5/2011 国际航空运输协会机场和途中航空收费手册 着陆费是任何在向公众开放的机场降落或水上降落的飞机都应支付该费用。它是根据飞机适航证书上显示的最大起飞重量（四舍五入）计算的，固定费用＋每吨费率。 6～25 t，15.29 欧元＋2.15 欧元/吨*（超过 7 t 的吨数）； 25～75 t，56.19 欧元＋5.76 欧元/吨*（超过 25 t 的吨数）； 75 t 以上，344.09 欧元＋7.40 欧元/吨*（超过 75 t 的吨数）	无
7	法国	Bastia Poretta	巴斯蒂亚・波雷塔	无	着陆费＝固定费用＋每吨费率 6～11 t，3.44 欧元＋1.033 欧元/吨*（超过 6 t 的吨数）； 12～24 t，9.64 欧元＋2.398 欧元/吨*（超过 12 t 的吨数）； 25～74 t，40.84 欧元＋3.601 欧元/吨*（超过 25 t 的吨数）； 75 t，220.97 欧元＋4.635 欧元/吨*（超过 75 t 的吨数）	无

续表

序号	国别	机场名称	机场译名	噪声排放限值	噪声附加费	噪声监测系统
8	法国	Charles de Gaulle	戴高乐	为减少巴黎戴高乐机场附近的噪声干扰，决定自 2004 年 3 月 28 日起实施以下运营限制。 1. 飞机在当地时间 00:00～04:59 起飞，如果该时间段内的起飞时间段尚未发出，则禁止从本机场起飞。 2. a）根据国际民航组织附件 16 规定的标准，在被称为“飞越点”的点处经认证的噪声级超过 99 EPNdB 的任何航空器都不能在 00:00 至 04:59 之间从机场起飞。 b）根据国际民航组织附件 16 规定的标准，在称为“进场点”的点的认证噪声级超过 104.5 EPNdB 的任何航空器不得在 00:30 至 05:29 之间降落机场。 c）但是，如果可重复的操作方法提供等效的环境影响，负责民航的部长可能会授予在这些时间段内操作航班的授权。 3. 部分航空器（人道、救护、政府航班或因飞行安全原因人为紧急情况航班）起降不受本条件限制	着陆费计算遵循三个部分的流程：先根据固定费用＋每吨费率计算着陆费，再计算落地费调整，再计算噪声税。固定费用和每吨费率见：https://www.boeing.com/resources/boeingdotcom/commercial/noise/degaulle.html 税金＝B * t * log（MTOW）其中，B 是根据出发时间和飞机所属的声学特性的系数组别；t 是指单位税率（19.00 欧元，每年该值根据国内零售价格指数调整） 详细参见上述网站	设置包括敏感点在内的 22 个监测点位
9	法国	Bordeaux Airport	波尔多机场	夜间：22:00—次日 06:00 最大噪声水平：85 dB（Laeq Max），距离最近的跑道 4.5 km	着陆费计算同上，详细参数如下：https://www.boeing.com/resources/boeingdotcom/commercial/noise/bordeaux.html 额外增加噪声污染税，税金＝B*t* log（MTOW）其中，B 是根据出发时间和飞机所属的声学特性的系数组别；t 是指单位税率（6.00 欧元）	机场有 6 个噪声监测仪
10	法国	Cote D’Azur	蔚蓝海岸	无	为了计算不包括乘客费用等在内的着陆费，请遵循三部分流程。首先计算着陆费，然后计算着陆费的调整，然后计算噪声税。详细参见网址：https://www.boeing.com/resources/boeingdotcom/commercial/noise/cote.html	10 个 EMV Lochard 1 B&K 到 2010 年

续表

<table>
<tr><th>序号</th><th>国别</th><th>机场名称</th><th>机场译名</th><th>噪声排放限值</th><th>噪声附加费</th><th>噪声监测系统</th></tr>
<tr><td>11</td><td>法国</td><td>Clermont-Ferrand/Auvergne</td><td>克莱蒙费朗/奥弗涅</td><td>无</td><td>着陆费，请遵循三部分流程。首先计算着陆费，然后计算着陆费的调整，最后计算噪声税。详细参见网址：https://www.boeing.com/resources/boeingdotcom/commercial/noise/clermont.html</td><td>无</td></tr>
<tr><td>12</td><td>法国</td><td>Le Bourget</td><td>勒布尔热</td><td>无</td><td>先计算落地费（根据重量），再计算落地费调整（根据飞行器声学组），最后计算噪声税，详细参见网址：https://www.boeing.com/resources/boeingdotcom/commercial/noise/lebourget.html</td><td>2 个噪声监测仪</td></tr>
<tr><td>13</td><td>法国</td><td>Lille Airport</td><td>里尔机场</td><td>无</td><td>详细参见网址：https://www.boeing.com/resources/boeingdotcom/commercial/noise/lille.html</td><td>无</td></tr>
<tr><td>14</td><td>法国</td><td>Lourdes-Pyrenees</td><td>卢尔德-比利牛斯山脉</td><td>无</td><td><table>
<tr><td colspan="2">着陆费</td></tr>
<tr><td>国际国内/t</td><td>每吨费率/欧元</td></tr>
<tr><td>7～12 t</td><td>11.15</td></tr>
<tr><td>13～25 t</td><td>2.06</td></tr>
<tr><td>26～75 t</td><td>4.34</td></tr>
<tr><td>超过 75 t</td><td>5.04</td></tr>
<tr><td colspan="2">着陆费调整
（噪声附加费）</td></tr>
<tr><td>第 1 组</td><td>1.3</td></tr>
<tr><td>第 2 组</td><td>1.2</td></tr>
<tr><td>第 3 组</td><td>1.15</td></tr>
<tr><td>第 4 组</td><td>1</td></tr>
<tr><td>第 5 组</td><td>0.85</td></tr>
</table></td><td>无</td></tr>
</table>

续表

序号	国别	机场名称	机场译名	噪声排放限值	噪声附加费	噪声监测系统
15	法国	Lyon Saint Exupery	里昂圣艾修伯里	无	为了计算不包括乘客费用等在内的着陆费，请遵循三部分流程。首先计算着陆费，然后计算着陆费的调整，最后计算噪声税。详细参见网址：https://www.boeing.com/resources/boeingdotcom/commercial/noise/lyon_satolas.html	无
16	法国	Marseille-Provence Intl	马赛-普罗旺斯国际机场	无	为了计算不包括乘客费用等在内的着陆费，请遵循三部分流程。首先计算着陆费，然后计算着陆费的调整，最后计算噪声税。详细参见网址：https://www.boeing.com/resources/boeingdotcom/commercial/noise/marseille.html	自 2004 年 9 月 1 日起有
17	法国	Metz-Nancy-Lorraine	梅斯-南希-洛林	无	无	无
18	法国	Montpellier Airport	蒙彼利埃机场	无	为了计算着陆费（不包括乘客费等），请遵循三部分流程。首先计算着陆费，然后计算着陆费的调整，最后计算噪声税。详细参见网址：https://www.boeing.com/resources/boeingdotcom/commercial/noise/montpellier.html	无
19	法国	Nantes Atlantique Airport	南特大西洋机场	无	为了计算不包括乘客费用等在内的着陆费，请遵循三部分流程。首先计算着陆费，然后计算着陆费的调整，最后计算噪声税。详细参见网址：https://www.boeing.com/resources/boeingdotcom/commercial/noise/nantes.html	有
20	法国	Orly	奥利	一旦航空公司的噪声水平达到 98 dB，就禁止着陆或起飞。侵权可能会被起诉，并处以最高 12 000 欧元（12 000 美元）的罚款	为了计算着陆费（不包括乘客费等），请遵循三部分流程。首先计算着陆费，然后计算着陆费的调整，最后计算噪声税。详细参见网址：https://www.boeing.com/resources/boeingdotcom/commercial/noise/orly.html	4 台监测仪

续表

序号	国别	机场名称	机场译名	噪声排放限值	噪声附加费	噪声监测系统
21	法国	Pointe-A-Pitre	Pointe-A-Pitre	无	为了计算不包括乘客费的着陆费等，遵循三部分流程。首先计算着陆费，然后计算着陆费的调整费，最后计算噪声税。自 1984 年以来，着陆费根据飞机的声学组进行调整。详细参见网址：https://www.boeing.com/resources/boeingdotcom/commercial/noise/pointe_a_pitre.html	无
22	法国	Pontoise	蓬图瓦兹	无	为了计算不包括乘客费的着陆费等，遵循三部分流程。首先计算着陆费，然后计算着陆费的调整费，最后计算噪声税。详细参见网址：https://www.boeing.com/resources/boeingdotcom/commercial/noise/pontoise.html	无
23	法国	Rodez Marcillac Airport	罗德兹马西拉克机场	无	无	无
24	法国	Saint Denis/Gillot	圣丹尼斯/吉洛	无	为了计算不包括乘客费的噪声费等，请遵循此流程。首先计算着陆费，查找飞机声学组。对着陆费的调整是基于飞机声学组的噪声附加费。详细参见网址：https://www.boeing.com/resources/boeingdotcom/commercial/noise/saint_denis_gillot.html	无

续表

序号	国别	机场名称	机场译名	噪声排放限值	噪声附加费	噪声监测系统
25	法国	Strasbourg Airport	斯特拉斯堡机场	无	5/2011 IATA 机场和空中航行费用手册 着陆费： *注：根据 AIP 法国 2007 年 7 月 5 日，GEN 4.1.1 在机场费用下，1.1 着陆费-任何在向公众开放的机场降落或水上降落的飞机都应支付该费用。它是根据飞机适航证书上显示的最大起飞重量计算的，四舍五入到下一个更高的吨。详细参见网址：https://www.boeing.com/resources/boeingdotcom/commercial/noise/strasbourg.html	飞机噪声和实时跟踪监控；重播模式可用；报告和投诉模块；5 个固定噪声监测终端（位于恩茨海姆、林戈尔斯海姆、内内海姆、科尼希霍芬和杜皮格海姆）+1 个移动设备。自 2002 年 1 月 1 日起运营。 机场在其网站（http://www.strasbourg.aeroport.fr/E/index_E.html）上发布月度报告，其中包括： 按时段分配的移动； 夜间噪声事件，最大水平高于 85 dB（A）； 23:00 至次日 6:00 的详细航班清单（评论）； 固定站测量的月度结果（自 2003 年 1 月起）； 移动站和固定站的结果
26	法国	Toulouse-Blagnac	图卢兹-布拉尼亚克	无	详细参见网址：https://www.boeing.com/resources/boeingdotcom/commercial/noise/toulouse.html	自 2002 年 9 月 1 日起，机场配备了测量噪声和显示飞行路径的系统。该系统配备 6 个固定测量站和 2 个移动测量站。它被称为 SENTINELLE 2011 年，6 个固定测量站和 1 个移动测量站被新的测量站所取代。这些新一代顶级材料具有满足 ACNUSA 要求的精度和声学计量质量
27	法属波利尼西亚	Bora Bora	波拉波拉岛	无	详细见网址：https://www.boeing.com/resources/boeingdotcom/commercial/noise/borabora.html	无
28	法属圭亚那	Cayenne-Rochambeau	卡宴-罗尚博	无	2/2008 国际航空运输协会机场和航空导航收费手册，详细见网址：https://www.boeing.com/resources/boeingdotcom/commercial/noise/cayenne.html	无

续表

序号	国别	机场名称	机场译名	噪声排放限值	噪声附加费	噪声监测系统
29	法国属波利尼西亚	Tahiti-Faa'a Intl.	大溪地-法阿国际机场	无	包括三部分：首先计算着陆费，然后计算着陆费的调整费，最后计算噪声税。详细参见网址：https://www.boeing.com/resources/boeingdotcom/commercial/noise/papeete.html	无
30	阿尔巴尼亚	Tirana International	地拉那国际	无	无	无
31	阿根廷	Aeropuerto de Ezeiza（Buenos Aires）	埃泽扎机场（布宜诺斯艾利斯）	无	无	无
32	阿根廷	Jorge Newbery	豪尔赫·纽伯里	无	无	无
33	阿拉伯联合酋长国	Fujairah International Airport	富查伊拉国际机场	无	无	无
34	阿塞拜疆	Heydar Aliyev Intl.	盖达尔·阿利耶夫国际机场	无	无	无
35	爱尔兰	Cork	软木	无	无	无
36	爱尔兰	Dublin	都柏林	无	无	使用 Brüel&Kjaer（即：B&k）监测系统，有 8 个固定站和 1 个移动站，还可以进行跟踪监控
37	爱尔兰	Kerry Airport	克里机场	无	无	无
38	爱尔兰	Shannon	香农	无	无	无
39	安提瓜	VC Bird International	VC 鸟国际	无	无	无

续表

序号	国别	机场名称	机场译名	噪声排放限值	噪声附加费	噪声监测系统
40	奥地利	Linz Blue Danube Airport	林茨蓝色多瑙河机场	无	无	2 个噪声监测位置/系统 Bruel&Kjaer
41	奥地利	Salzburg Airport WA Mozart	萨尔茨堡机场 WA 莫扎特	自 2008 年 10 月 26 日起，只有 4 号噪声监测点不超过 98 dB SEL 的飞机才能飞往萨尔茨堡机场	无	机场安装了 B&k 噪声和飞行轨道监测系统，有 5 个测量点，每个点有噪声限值，其中 2 个位于德国境内。该系统是奥地利第一个安装的固定系统，通过软件与机场的 Thomsom CSF 雷达相关联
42	奥地利	Vienna International	维也纳国际	无	噪声附加费是基于使用噪声认证级别的计算得到	在跑道不同位置处设置噪声监测点位并进行监测，但当前没有监测点位处的噪声限值要求
43	奥地利	Graz Airport	格拉茨机场	无	无	机场有两台噪声监测仪，B&K 4441。 地点： 1 个监测仪，中心线方向 Rwy 35 以南 900 m，中心线以东 50 m 1 个监测仪，位于中心线方向 Rwy 17 阈值以北 750 m 处 飞行轨迹监测系统 是-Brühl&Kjaer
44	奥地利	Innsbruck Airport	因斯布鲁克机场	无	2011 年 3 月机场更新，详细参见网址：https://www.boeing.com/resources/boeingdotcom/commercial/noise/innsbruck.html	3 个噪声监测位置/系统 Bruel&Kjaer
45	奥地利	Klagenfurt	克拉根福	无	注：自 1-5-95 起，第二章规定的飞机不允许在该机场运行。在逐步淘汰第二章飞机之前，不符合第三章规定的 20 t 以上的喷气式飞机在机场的着陆费要加收 10%的附加费	机场有 1 个噪声监测仪
46	巴巴多斯	Grantley Adams Intl	格兰特利亚当斯国际机场	无	无	偶尔对飞机进行监测

续表

序号	国别	机场名称	机场译名	噪声排放限值	噪声附加费	噪声监测系统
47	巴林王国	Bahrain International	巴林国际	无	无	无
48	巴西	Aeroporto Internacional de Belem	贝伦国际机场	无	无	无
49	巴西	Congonhas	孔戈尼亚斯	无	无	无
50	巴西	Rio de Janeiro	里约热内卢	L_{max} 为 118.4 dB（A）	无	无
51	百慕大	Bermuda International Airport	百慕大国际机场	无	无	无
52	保加利亚	Burgas Airport	布尔加斯机场	无	无	程序正在进行中
53	保加利亚	Sofia Airport	索非亚机场	2006 年 6 月 26 日颁布的《保加利亚环境噪声评估和管理法》第 6 号法令规定了环境中一天不同时段的噪声指标；设定了噪声指标的限值、评价方法以及噪声对社区健康的有害影响	无	机场周围设置了 5 个监测点位
54	比利时	Antwerp Airport	安特卫普机场	对于连续飞行（环线飞行），MTOW（最大起飞重量）小于 2 000 kg 的飞机必须配备消音器，并且最大噪声水平为 76 dB（A），由联邦交通公共服务航空总局确定	无	设置 4 台噪声监测仪器

续表

序号	国别	机场名称	机场译名	噪声排放限值	噪声附加费	噪声监测系统
55	比利时	Brussels Airport	布鲁塞尔机场	噪声限制仅适用于布鲁塞尔地区，布鲁塞尔地区 3 区由各自的限制确定。限制不是针对单个 NMT，而是针对区域。在这些区域内，距离机场越远的限制越严格。噪声限制也以单次移动限制（SEL）和全球噪声收费限制来表示（LAeq）。白天和黑夜存在不同的限制。 布鲁塞尔首都地区关于抑制航空公司交通造成的噪声污染的法令摘要 dd 27.5.99。[发表于比利时官方公报 dd 11.8.1999]。详细参见网址：https://www.boeing.com/resources/boeingdotcom/commercial/noise/brussels.html	2011 年 4 月 1 日在布鲁塞尔生效的收费	无
56	比利时	Charleroi	沙勒罗瓦	无	着陆费：（根据 MTOW），每吨 4.96 欧元在 23:00 和次日 07:00 之间，50%噪声附加费	无
57	比利时	Liege Airport	列日机场	根据分区，LAeq（1 s）MAX： B 区，87 dB（A）， C 区，82 dB（A）， D 区，77 dB（A）	着陆费：（根据 MTOW），每吨 5.49 欧元在 23:00 至次日 07:00 之间，50%噪声附加费	使用中的 11 个声纳计
58	比利时	Ostend International	奥斯坦德国际	无	无	4 个噪声监测单元
59	冰岛	Reykjavik Airport	雷克雅未克机场	无	无	无
60	冰岛	Keflavik	凯夫拉维克	无	无	无
61	波多黎各	Luis Munoz Marin Intl.	路易斯・穆尼奥斯・马林国际机场	无	无	无

续表

序号	国别	机场名称	机场译名	噪声排放限值	噪声附加费	噪声监测系统
62	波兰	Okecie Warsaw Frederic Chopin	Okecie 华沙弗雷德里克肖邦	无	3/2 010 噪声收费更新	WARSZAWA/Okecie 机场的运营商永久监测排放到环境中的航空噪声。 航空噪声监测系统包括： -7 个固定测量点， -1 个移动测量站， -带软件的 CPU， -CPU 连接到机场 SSR 雷达
63	波兰	Wroclaw-Strachowice	弗罗茨瓦夫-Strachowice	无	无	WROCŁAW/Strachowice 的运营商永久监控向环境中排放的航空噪声。 航空噪声监测系统由位于机场周围的 2 个固定测量点组成。该系统将连续开发
64	大韩民国	Gimhae Intl.	金海国际机场	无	详细参见网址：https://www.boeing.com/resources/boeingdotcom/commercial/noise/gimhae.html	无
65	大韩民国	Jeju International	济州国际	无	详细参见网址：https://www.boeing.com/resources/boeingdotcom/commercial/noise/jeju.html	无
66	大韩民国	Gimpo Airport	金浦机场	无	噪声附加费是飞机着陆费基数的一个百分比。着陆费基数：适航证书中的最大起飞重量（以 1 t 计算的任何不足 1 t 的部分）。详细参见网址：https://www.boeing.com/resources/boeingdotcom/commercial/noise/kimpo.html	据金浦机场网站报道，该机场安装了 9 个噪声监测仪，这些监测仪与雷达相连，可以跟踪每架飞机通过噪声区的路线和产生的噪声水平
67	大韩民国	Incheon International	仁川国际	无	无	无
68	丹麦	Aalborg Airport	奥尔堡机场	无	无	计算噪声（TDENL 法），并向当局报告，以监测开发情况

续表

序号	国别	机场名称	机场译名	噪声排放限值	噪声附加费	噪声监测系统
69	丹麦	Aarhus Airport	奥胡斯机场	夜间 50 dB（A）	无	无
70	丹麦	Billund Airport	比隆机场	起飞和着陆的最大 A 计权声压级（Lamax）在 23:00～次日 06:00（当地时间）之间不得超过 80 dB（A），如附录 1 中的 80 dB 曲线所示，航班延误除外或提前到达但计划在 06:00～次日 23:00 起飞或到达的飞机。从 2000 年 1 月 1 日起，在 23:00～次日 06:00（当地时间）起飞和着陆期间，城镇范围内居民区的最大 A 计权声压级（Lamax）不得超过 80 dB（A），但比隆北部地区除外，预定起飞或到达时间在 06:00～23:00 的航班延误或提前到达的飞机除外。2007 年 7 月 1 日之后，根据附录 1 所示的 80 dB 曲线，在 23:00～次日 06:00（当地时间）之间起飞和着陆的最大 A 计权声压级（Lamax）不得超过 80 dB（A），但比隆北部地区除外，航班延误或飞机在预定起飞或到达时间在 06:00～23:00 的时间之前到达的除外。噪声暴露必须按照国家环境保护局第 5/1994 号指南：“机场噪声”中的说明进行计算。计算必须由国家环境保护局批准的实验室进行“环境测量-外部噪声”	无	没有设立永久性测量站，但使用环境中的 1 个移动测量站来检查夜间飞行器噪声最大值不超过噪声值的固定要求

续表

序号	国别	机场名称	机场译名	噪声排放限值	噪声附加费	噪声监测系统
71	丹麦	Copenhagen	哥本哈根	最高级别： 飞机操作： 23:00～次日 06:00 期间，位于周围住房区的 6 个测量站（NMT 1、5、6、7、8 和 9）起飞和降落时的最大加权声压级不得超过 80 dB（A）。但是，计划在 06:00～23:00 起飞或抵达延迟或提前到达的 A/C 除外。 只有在哥本哈根机场事先批准的情况下，才能在 23:00～次日 06:00 之间起飞。 飞机滑行活动： 在 23:00～次日 6:00 期间，以下所示位置滑行时产生的最大 A 加权声压级不得超过以下值： 1. H.Jastraus Alle 离地 4 m，79 dB（A）； 2. Skyttehoj（NMT 10）离地 10 m，74 dB（A）； 3. Askov Alle（NMT 9）离地 5 m，70 dB（A）； 4. Nordre Kinkelgade 离地 4 m，72 dB（A）； 5. Rybakkeve（NMT 5）离地 5 m，70 dB（A）	无	机场正在安装一个系统，该系统从 2010 年 12 月开始，到 2011 年 6 月完成。ANOMS 系统将包括 12 个永久和两个便携式噪声监测终端
72	丹麦	Copenhagen Airport Roskilde	哥本哈根机场罗斯基勒	噪声水平小于或等于 80 dB（A）	无	没有建立固定的制度。但是，我们的环境保护局可以在特别选择的日期（一年一次或两次）测量特定的噪声水平
73	丹麦	Esbjerg Airport	埃斯比约机场	无	无	无

续表

序号	国别	机场名称	机场译名	噪声排放限值	噪声附加费	噪声监测系统
74	丹麦	Odense Airport	欧登塞机场	1. 以下飞机可使用 22:00～23:00（20:00～21:00）和 05:00～06:00（04:00～05:00）期间的航班： ——平均起飞重量不超过 5 700 kg 的飞机和直升机。 ——根据附件 16 第 10 章、第 6 章认证的最大起飞重量低于 9 000 kg 且噪声合格的螺旋桨飞机。 ——符合第 3 章噪声认证的喷气式和涡轮螺旋桨飞机（不考虑最大起飞重量），起飞时不超过 89 EPNdB，进近时不超过 94 EPNdB。 2. MTOW 超过 5 700 kg 的飞机的降噪规定：参见 AIP 丹麦 EKOD AD2 21。使用欧洲 AIS 数据库进行具体起飞程序	无	无
75	德国	Allgau Airport	阿尔高机场	无	无	无
76	德国	Augsburg Airport	奥格斯堡机场	无	详细参见网址：https://www.boeing.com/resources/boeingdotcom/commercial/noise/augsburg.html	无
77	德国	Bremen-Neueland	不来梅-纽兰	无	详细参见网址：https://www.boeing.com/resources/boeingdotcom/commercial/noise/bremen.html	1998 年，Topsonic 和 Elkotechnik 对噪声监测系统进行了全面升级。固定式监控终端 10 个，移动监控终端 1 个
78	德国	Dortmund Airport	多特蒙德机场	为避免地面噪声，所有与飞机操作有关的自动驾驶升降，只可在 05:00（04:00）至 21:00（20:00）时段内进行，但不得在任何时段内进行，否则民航当局可在有充分理由支持的例外情况下，豁免这些时段限制，以保障航空交通安全或避免对航空交通造成相当大的滋扰	多特蒙德机场的费用表自 2009 年 7 月 1 日起生效，根据国际航空运输协会机场、空中交通管制和燃油费用监测，有效期为 2011 年 7 月	无

续表

序号	国别	机场名称	机场译名	噪声排放限值	噪声附加费	噪声监测系统
79	德国	Dresden	德累斯顿	无	6.98～35.74 欧元，详细参见网址：https://www.boeing.com/resources/boeingdotcom/commercial/noise/dresden.html	机场有 5 个固定监测仪和 1 个移动监测仪。噪声数据采集在最大限度。该系统于 1995 年投入使用
80	德国	Dusseldorf	杜塞尔多夫	无	无	14 个监测仪
81	德国	Dusseldorf Monchengladbach	杜塞尔多夫门兴格拉德巴赫	无	有噪声证书的飞机，降落费用低。无噪声证书的飞机，降落费用高	随具体要求来定
82	德国	Dusseldorf Niederrhein Weeze	杜塞尔多夫下莱茵韦策	无	无	机场有 3 个噪声监测仪
83	德国	Erfurt	爱尔福特	1. 当地飞行限制翼展为 52 m 或以上的飞机和起落架外轮距离为 14 m 及以上的飞机（E 类和 F 类飞机）以及不符合国际民航组织附件 16 第三章规定的噪声保护要求的喷气式飞机，只有在获得“图林根联邦和交通部”的许可下才能起飞和降落。 2. 夜间、周日和节假日航班运营限制 2.1　在 21:00～次日 05:00（20:00～次日 04:00）之间的工作日以及 19:00～次日 07:00（18:00～次日 06:00）之间的周日和节假日，螺旋桨驱动的飞机，最大允许起飞质量不超过 2 000 kg，动力滑翔机只有在低于国际民航组织附件 16 第 6 章或第 10 章的噪声限值至少 8 dB（A）时，才允许起飞或降落。 2.2　在 21:00～次日 05:00（20:00～次日 04:00）之间及 19:00～次日 07:00（18:00～次日 06:00）之间的星期日和节假日，最大允许起飞质量超过 2 000 kg 的螺旋桨驱动飞机只有在根据国际民航组织附件 16 低于 80 dB（A）的噪声限值至少 4 dB（A）或根据其他规定被归类为噪声特别低时，才允许起飞或降落。	超过 5.7 t MTOW 的飞机 国际和国内： Chapter 3 Bonus List，每吨 8.64 欧元； Chapter 3 Non-Bonus List，每吨 9.92 欧元； Chapter 2 or uncertified，每吨 30.06 欧元	无

续表

序号	国别	机场名称	机场译名	噪声排放限值	噪声附加费	噪声监测系统
83	德国	Erfurt	爱尔福特	2.3　21:00～次日 05:00（20:00～次日 04:00）的直升机只有在获得德国汉莎航空公司许可的情况下才能起飞和降落。本条例不包括警察直升机、搜救服务及执行灾害任务或提供医疗援助的飞机的飞行。 2.4　在 21:00～次日 05:00（20:00～次日 04:00）期间，喷气式飞机只有在不超过国际民航组织附件 16 第 1 卷第 3 章规定的噪声限值的情况下才允许起飞或降落，并列入以下清单。 2.5　22:00～次日 05:00（20:00～次日 04:00）之间，最大允许起飞质量超过 150 000 kg 的喷气式飞机通常不允许起飞。 2.6　在 21:00～次日 05:00（20:00～次日 04:00）期间，28 号跑道仅用于起飞，10 号跑道用于着陆，除非出于气象或飞行安全原因无法使用这些起飞和着陆方向。21:00～次日 05:00（20:00～次日 04:00）之间，最大允许起飞质量超过 150 000 kg 的飞机不允许在 10 号跑道上起飞。 排除在外的有： 2.7　预定于 21:00（20:00）之前抵达埃尔福特的定期航空服务、货运或全包航空运输中延误的定期飞机的降落，以及预定于 21:00（20:00）之前在埃尔福特起飞的这些飞机的起飞，不包括在条例 2.2、2.4 和 2.6 中。在 22:00（21:00）之前，其他延误的定期飞机的降落不受夜间飞行限制。2.8 22:00 至 05:00（21:00～次日 04:00）之间，最大允许起飞质量超过 150 000 kg 的延迟预定喷气式飞机，只有在以下列表中包含的情况下，才允许在 28 号跑道上起飞	超过 5.7 t MTOW 的飞机 国际和国内： Chapter 3 Bonus List，每吨 8.64 欧元； Chapter 3 Non-Bonus List，每吨 9.92 欧元； Chapter 2 or uncertified，每吨 30.06 欧元	

续表

序号	国别	机场名称	机场译名	噪声排放限值	噪声附加费	噪声监测系统
84	德国	Frankfurt	法兰克福	自 2002 年夏季时刻表以来，法兰克福机场一直采用噪声配额制度，作为减少 23:00 至 05:00 夜间飞行噪声的积极举措。 配额计数与七个飞机噪声分类类别有关（请参阅下文噪声附加费下的信息）。例如，第 1 类飞机的飞行起降用额度上限为一分。每个较高噪声类别的点数都会翻倍-即，类别 2 中的每次飞行运动都会占用两个点，类别 3 中的点数多达四个点，依此类推。配额限制是按季节设定的；也就是说，夏季时间表与冬季时间表的配额不同。与 2000 年夏季和 2000/2001 年冬季时间表相比，所有预定行动的允许总点数（协调配额计数点）减少了 5%。噪声配额制度随着 2006/2007 年冬季时间表的生效而收紧，配额又减少了 5 个百分点。 在每个时间表期结束时，机场审查情况并显示配额计数津贴的使用程度。如果配额计数限额在当前赛季中未全部使用，则可以结转三分之一的未使用积分。任何超支都会相应地减少下一个时间表期间的配额。 3. 发动机启动限制 3.1　不允许在飞机上进行发动机试运行和启动及飞机上的广泛维护工作。在合理的情况下， 围裙控制可能会允许例外情况。 3.2　性能水平大于怠速的发动机的地面试验只能在用于此目的的噪声抑制设施或机动区域的授权区域（启动位置）进行。在这些发动机测试运行期间，应确保与 ATC 的连续无线电接触。为此目的雇用的人员应具备必要的资格（执照）	https://www.boeing.com/resources/boeingdotcom/commercial/noise/frankfurtairport_charges_april_2011.pdf	法兰克福机场自 1964 年开始进行噪声监测。实际的噪声监察系统于 1988 年开始运作。它符合《空中交通法》（LVG）中规定的要求。 最重要的系统要求之一是将噪声数据与飞机运动和天气条件自动关联，以识别噪声影响的来源。 噪声监测系统（NMS）包含以下功能： ——城市、城镇和居民点附近噪声污染的持续监测 ——飞机噪声与其他噪声的分离 ——处理飞机噪声数据 ——飞机噪声与相关飞行运动的相关性 ——评价和统计汇编 ——配置参数数据和基础数据的维护 附近的 26 个测量点-位于跑道上的 5 个测量点（用于配置时间窗口） ——一个移动监测站 ——中央单元，包括 ——一台实时计算机 ——显示当前噪声和飞机数据，以及天气和频率数据 ——自动和/或与用户交互相关联-填写缺失数据-正确数据 ——数据库计算机 ——显示和存储维护基本数据（10 年可用） ——用于噪声水平和飞行运动、天气条件的统计分布 ——对于飞机类型和航空公司的噪声级，标准飞机特定噪声级 ——生成噪声报告和特殊报告（即用于单一和不同目的）

续表

序号	国别	机场名称	机场译名	噪声排放限值	噪声附加费	噪声监测系统
84	德国	Frankfurt	法兰克福			局域网的实施为通过计算机和外围设备与机场现有和未来的系统扩展系统提供了可能性。 该系统获得的数据（报告和计算）用于： ——法兰克福机场着陆费的计算（部分） ——噪声与空中交通发展预测数据 ——官员和航空公司代表为降噪提供的信息 ——测试和监控飞行程序 ——处理机场附近居民的投诉 噪声值是根据 DIN 45643（3.1.1）计算的 L AZ，单位为 dB（A）。该单位的有效噪声 第一考虑在地面上接收到的实际声能，第二考虑耳朵对该声能的响应的近似值，第三考虑噪声的持续时间值。如果噪声不超过 L AS_{max} = 70 db（A），则使用标准值进行计算。 飞机是根据起飞重量、发动机数量和国际民航组织附件 16 的认证进行评估和收集的
85	德国	Friedrichshafen Airport	腓特烈港机场	该机场只允许使用第三阶段的飞机	2011 年 8 月国际航空运输协会机场空管和燃油费用监测 费率为每吨 MTOW Chapter 3，14.58 欧元； Chapter 3Bonus List，11.29 欧元； 非喷气动力，11.29 欧元； 未认证（喷气式飞机＋其他），26.60 欧元	3 台监测仪
86	德国	Karlsruhe-Baden	卡尔斯鲁厄-巴登	无	无	无

续表

序号	国别	机场名称	机场译名	噪声排放限值	噪声附加费	噪声监测系统
87	德国	Leipzig Halle Airport	莱比锡哈雷机场	无	详细参见网址：https://www.boeing.com/resources/boeingdotcom/commercial/noise/lepizig.html	——系统 Topsonic ——自 2007 年开始运营 ——10 个固定噪声监测站加 4 个移动噪声监测站
88	德国	Luebeck Airport	吕贝克机场	无	详细参见网址：https://www.boeing.com/resources/boeingdotcom/commercial/noise/luebeck.html	无
89	德国	Munich	慕尼黑	无	2011 年 1 月 1 日生效的噪声和排放收费	出于土地利用规划的目的，在 62 dB（A）噪声等值线水平上应用了特殊的噪声级控制。因此使用了 4 个噪声级监测仪的数据。 根据《反对飞机噪声法》，德国所有主要机场都需要进行监测。该机场有 16 个监控点和 1 个移动站。 该系统不仅可以监测每次起飞和降落，还可以进行实际飞行轨迹跟踪和计算机绘图。数据将决定不同飞机和航空公司的噪声水平
90	德国	Munster	明斯特	无	2011 年 7 月 IATA 机场和航空导航收费手册，详细参见网址：https://www.boeing.com/resources/boeingdotcom/commercial/noise/munster.html	无
91	德国	Neubranden-burg Airport	新勃兰登堡机场	无	无	无
92	德国	Nurnberg	纽伦堡	无	自 2011 年 1 月 2 日起适用于纽伦堡机场的机场收费手册	Topsonic 于 2010 年对噪声监测系统进行了全面升级。安装了 8 个固定式噪声监测终端

续表

序号	国别	机场名称	机场译名	噪声排放限值	噪声附加费	噪声监测系统
93	德国	Paderborn-Lippstadt	帕德博恩-利普施塔特	无	详细参见网址：https://www.boeing.com/resources/boeingdotcom/commercial/noise/paderborn.html	Topsonic 提供的信息 1999 年安装了噪声监测系统。它由 5 个固定噪声监测终端和 1 个移动站组成。该系统的制造商是 Topsonic（德国）噪声轮廓程序（与 AzB：德国定义的噪声建模兼容）
94	德国	Saarbruecken-Ensheim	萨尔布吕肯-恩斯海姆	无	11/2011 根据国际航空运输协会机场、ATC 和燃油费用监测仪验证	7 个监测站
95	德国	Schonefeld	舍内费尔德	无	详细参见网址：https://www.boeing.com/resources/boeingdotcom/commercial/noise/schonefeld.html	https://www.boeing.com/resources/boeingdotcom/commercial/noise/schonefeldNoiseMonitors2011.gif
96	德国	Stuttgart Airport	斯图加特机场	无	11/2011 根据《国际航空运输协会机场和途中航空收费手册》现行规定，噪声附加费根据噪声类别进行分级。根据 THF 机场当年测量的起飞和降落的平均噪声水平，将飞机类型划分噪声类别。详细参见网址：https://www.boeing.com/resources/boeingdotcom/commercial/noise/tegel.html	8 个车站，Burell 和 Kajer 用于检查强制严格遵守起飞路由程序的监控。1969 年安装的用于持续监控的计算机控制系统测量超过给定阈值水平（因每个站点、日期等而异）的时间。车站对称地位于主跑道的轴线上，4 号站用于测量反推力的影响。以前的系统于 1998 年被取代
98	德国	Tegel	泰格尔	无	11/2011《国际航空运输协会机场和途中航空收费手册》的当前情况 飞机类型根据今年在 THF 机场测量的起飞和着陆的平均噪声水平划分噪声类别。详细参见网址：https://www.boeing.com/resources/boeingdotcom/commercial/noise/tegel.html	https://www.boeing.com/resources/boeingdotcom/commercial/noise/tegelNoiseMonirors2011.gif
99	德国	Egelsbach Airport	埃格尔斯巴赫机场	无	1999 年 1 月 5 日 Landeplatz-Laermschutz-Verordnung-LLV（机场噪声保护令）之后，降低了着陆费： 螺旋桨驱动的飞机最大认证起飞质量和自射动力滑翔机的最大重量不超过 8 618 千克，低于相应的噪声限值 4 dB（A）或更高	附近有 2 个噪声监测装置

续表

序号	国别	机场名称	机场译名	噪声排放限值	噪声附加费	噪声监测系统
100	德国	Hahn Airport	哈恩机场	无	机场提供的现行费用 6/2007-10/2009（11/2011 国际航空运输协会机场、空中交通管制和燃料费用监测核实为现行费用）	Topsonic 提供的信息 1995 年安装了噪声监测系统。它由 4 个固定噪声监测终端和 2 个移动监测终端组成。该系统的制造商是 Topsonic（德国）。噪声轮廓程序（与 AzB：德国定义的噪声建模兼容）可用。噪声和飞机的相关性是通过来自本地 ATC 系统的雷达数据来实现的。现在安装了一个新版本
101	德国	Hamburg	汉堡	无	机场提供的噪声监控信息 1/2011 汉堡机场收费 2011 年 1 月 1 日第 1 部分	机场有 13 个监测站
102	德国	Hannover-Langenhagen	汉诺威-朗根哈根	无	将飞机划分噪声类别是基于观察到的飞机类型在着陆和起飞时测得的平均噪声水平。未列出的飞机类型将由机场根据所提供的噪声证书进行分类，直到汉诺威机场获得令人满意的测量结果。详细参见网址：https://www.boeing.com/resources/boeingdotcom/commercial/noise/hannover.html	有
103	德国	Kiel Holtenau Airport	基尔霍尔特瑙机场	无	着陆费制度基于三大类： ——噪声等级 8 dB（A）优于国际民航组织附件 16 第 6 章——噪声等级 4 dB(A) 优于国际民航组织附件 16 第 6 章——噪声水平，如国际民航组织附件 16 第 6 章或更高。 （最后一个类别是价格最高的类别）	无

续表

序号	国别	机场名称	机场译名	噪声排放限值	噪声附加费	噪声监测系统
104	德国	Koln-Bonn	科隆-波恩	详细参见网址：https://www.boeing.com/resources/boeingdotcom/commercial/noise/koln-bonn.html	详细参见网址：https://www.boeing.com/resources/boeingdotcom/commercial/noise/koln-bonn.html	1997年7月，德国伍尔塞伦T.O.P.sonic公司的一个系统取代了旧的Rhode & Schwarz设备。这是一个基于PC的系统，外部噪声监测仪通过Windows NT与机场的工作站相连。测量结果的公布没有改变。我们今天还介绍了额外的夜间参考等级
105	多米尼加	Melville Airport	梅尔维尔机场	无	无	无
106	俄罗斯	Sheremetyevo	谢列梅捷沃	毗邻机场的城市领土分为以下区域： 区域1：夜间噪声限制为80 dB（A），日间噪声限制为90 dB（A）。 区域2：所有建筑物都必须隔音 区域3：禁止所有住房建设	无	无
107	俄罗斯联邦储备银行	Koltsovo Airport	科尔佐沃机场	无	无	无
108	菲律宾	Ninoy Aquino Intl.	尼诺阿基诺国际机场	无	无	无
109	菲律宾	Subic Bay Intl.	苏比克湾国际机场	无	无	无
110	斐济	Nadi International	纳迪国际	无	无	无
111	芬兰	Kittilä Airport	基蒂莱机场	无	无	无

续表

序号	国别	机场名称	机场译名	噪声排放限值	噪声附加费	噪声监测系统
112	芬兰	Lappeenranta Airport	拉彭兰塔机场	距离跑道中心线 500 m 以上的周边地区噪声级不得超过 $L_{dn}=55$ dB； 夜间最大噪声级 $L_{Amax}=80$ dB，每晚允许超过两次	无	无
113	芬兰	Oulu Airport	奥卢机场	无	无	无
114	芬兰	Rovaniemi	罗瓦涅米	无	无	无
115	芬兰	Tampere-Pirkkala	坦佩雷-皮尔卡拉	无	无	无
116	芬兰	Vassa Airport	瓦萨机场	无	无	无
117	芬兰	Helsinki-Vantaa	赫尔辛基-万塔	起飞时的边线平均值和起飞噪声水平最小阈值，$T_d=86$ EPNdB	使用涡轮喷气飞机夜间起飞（23:00～次日 06:00 LMT）需支付噪声附加费。费用根据飞机的认证噪声水平计算（根据国际民航组织附件 16 第一卷第二部分第 3 章或 FAR 第 36 部分第 3 阶段）。根据上述文件无法出示噪声证明的飞机将按同一机型的最高噪声率收费。 低于 6.93 欧元的费用将不予计费。一次起飞的费用为： 费用 = C_d * 10 ^ [（Ld-Td）/10] 单位费率，$C_d=6.93$ EUR L_d = 飞机边线和起飞噪声水平的平均值 出发时的最小阈值，$T_d=86$ EPNdB。 申请：仅限乘坐涡轮喷气式飞机于伦敦夏令时 23:00～次日 6:00 在赫尔辛基万塔机场起飞	飞机噪声和飞行轨迹通过使用 Lochard 的全球环境监测系统（GEMS）进行监测。该系统收集有关飞行轨迹、测量噪声和飞行计划的信息
118	哥伦比亚	Eldorado International	埃尔多拉多国际	无	无	无

续表

序号	国别	机场名称	机场译名	噪声排放限值	噪声附加费	噪声监测系统
119	韩国	Muan International	务安国际	无	噪声附加费是基于机组的着陆费的一个百分比。着陆费 依据：适航证书中的最大起飞重量（1 t 的任何分数按 1 t 计算）。国际着陆： 最多 10 t，27 302.00 韩元 10～45 t，4 543.00 韩元/t 超过 45 t，6 358.00 韩元/t 国内着陆 最多 10 t，7 365.00 韩元 10～45 t，1 416.00 韩元/t 超过 45 t，2 074.00 韩元/t 飞机类别及噪声附加费 第 1 类、第 2 类、第 3 类： 普通着陆费的 30%； 第 4 类： 普通着陆费的 25%； 第 5 类： 普通着陆费的 20%； 第 6 类： 普通着陆费的 15%	无
120	荷兰	Eindhoven Airport	埃因霍温机场	无	噪声费用基于 ACI 飞机噪声评级指数。每吨 9.98 欧元，最低 EUR 59.88 不含增值税。A. 着陆费 30%的折扣；B. 着陆费 15%的折扣；C. 着陆费 0%折扣/附加费；D. 着陆费 50%的附加费；E. 着陆费 150%附加费；F. 着陆费 300%附加费（飞机的噪声类别基于由 2 个要求确定的最低类别等级：第 3 章噪声水平的累积 EPNdB 和每个噪声测量点的第 3 章噪声水平的单个 EPNdB 降低）	无

续表

序号	国别	机场名称	机场译名	噪声排放限值	噪声附加费	噪声监测系统
121	荷兰	Maastricht Aachen	马斯特里赫特亚琛	无	2011 年 7 月 IATA 机场和航空导航收费手册，详细见网址：https://www.boeing.com/resources/boeingdotcom/commercial/noise/maastricht.html	更新日期：1999 年 9 月 2 日 噪声监测仪已不再使用，并将于今年拆除。（历史信息） 尽管 FANAMOS 系统仍存在于机场，但自夜间飞行结束以来，该系统从未满负荷使用。有时，它被用来检查标准到达和离开的正确使用情况。鉴于新的 LAEQ26 标准，该系统不太可能再次用于测量噪声水平。 LEAQ26-荷兰政府推出了一项关于夜间卧室噪声水平的新标准/规范（当地时间 23:00～次日 60:00）。这是 LAEQ26 标准。基本上，这意味着卧室全年的平均噪声水平不得超过 26 dB（A）。本标准在荷兰所有机场附近有效
122	荷兰	Princess Juliana Intl.	朱莉安娜公主国际机场	无	无	无
123	荷兰	Rotterdam	鹿特丹	未指定。飞机噪声每年计算一次，得出轮廓	第 2 章和噪声第 3 章的附加费为 500%	鹿特丹机场噪声监测系统（RANOMOS）
124	荷兰	Schiphol	史基浦机场	根据国际民航组织附件 16 第 2 章噪声标准认证的飞机不允许起飞和降落。根据国际民航组织附件 16 第 3 章噪声标准认证的飞机，其中三个认证噪声水平之和相对于三个适用的国际民航组织附录 16 第 3 节认证噪声限值之和的裕度小于 5 EPNdB： 1. 对于配备旁通比≤3 发动机的飞机，不允许进行新的操作。 2. 对于配备旁通比≤3 发动机的飞机，在 17:00～次日 07:00（16:00～次日 06:00）之间不允许起飞和降落。 3. 对于配备旁通比＞3 发动机的飞机，不允许计划在 22:00～次日 05:00（21:00～次日 04:00）之间起飞	注：机场有两项噪声收费——一项由机场收取，另一项由政府收取。如下所示是机场的噪声费用，在此之后列出的是政府噪声费用的链接。 机场费用和条件将于 2011 年 11 月 1 日进行调整。截至 2011 年 11 月 1 日的最终费用和条件将在 6 月 1 日之前确定。 注：F 因子是噪声税计算的一部分，截至 2011 年 1 月 1 日，政府噪声附加费定为 75.25 欧元。 https://www.boeing.com/resources/boeingdotcom/commercial/noise/amsgov.pdf	阿姆斯特丹史基浦机场安装了一个名为 NOMOS 的噪声监测系统。制造商是 Lochard Environment Systems。目前，24 个固定单元和 1 个移动单元正在运行。噪声监测系统仅用于信息目的，从 2005 年年中开始在线公开发布。它提供来自噪声监测站的实时和历史噪声数据。（www.schiphol.nl）

续表

序号	国别	机场名称	机场译名	噪声排放限值	噪声附加费	噪声监测系统
125	洪都拉斯	Toncontin	通康顿	无	无	无
126	加拿大	Calgary International	卡尔加里国际	无	无	16 个噪声监测仪，其中，2 个中止服务
127	加拿大	Edmonton City Centre（Blatchford Field）	埃德蒙顿市中心（布拉奇福德球场）	最大噪声限制和到达/离开程序详细见网址：https://www.boeing.com/resources/boeingdotcom/commercial/noise/edmonton_mun.html	无	YXD 的噪声监测和飞行跟踪系统因技术和预算原因于 1999 年退役，由于运行环境（通用航空）的变化，没有更换该系统的计划
128	加拿大	Edmonton International	埃德蒙顿国际	无	无	无
129	加拿大	Nanaimo Airport	纳奈莫机场	无	无	无
130	加拿大	Ottawa International	渥太华国际	无	无	渥太华机场现在拥有 1 个移动麦克风系统
131	加拿大	Prince George Airport	乔治王子机场	无	无	无
132	加拿大	Regina International	里贾纳国际	无	无	无
133	加拿大	Region of Waterloo Intl.	滑铁卢地区国际机场	在 23:00～次日 06:00，当在任何住宅物业地面以上 1.8 m 的水平测量时，任何住宅物业上空的离境飞机不得超过 85 dB（A）	无	Bruel & Kjaer 跟踪和监控系统
134	加拿大	Thunder Bay Airport	桑德贝机场	无	无	无

续表

序号	国别	机场名称	机场译名	噪声排放限值	噪声附加费	噪声监测系统
135	加拿大	Toronto-Lester B Pearson Intl	多伦多-莱斯特 B 皮尔逊国际机场	无	https://www.boeing.com/resources/boeingdotcom/commercial/noise/toronto%20Night%20Flight%20Restriction%20Program%20-%20Summer%202010.pdf 夜间着陆费： 未经批准，非定期航班在 00:30 至 06:30 之间着陆，可能会收取适用着陆费的 16 倍	GTAA 使用复杂的机场噪声监测和飞行跟踪系统，该系统将加拿大海军的雷达飞行跟踪数据与地理信息系统（GIS）的测绘相结合。这些数据与周围社区噪声监测终端（NMT）收集的噪声读数相关。系统记录运营区域内所有飞机的飞行编号、飞机类型和航空公司，以及时间、位置和速度。2010 年秋季新的噪声监测系统正在安装。 21 个永久和 1 个便携式 NMT 加上 ATC 雷达馈送。 飞行轨道监控系统
136	加拿大	Vancouver International	温哥华国际	无	无	1987 年至 1995 年间，使用带有九个噪声监测终端（NMT）的 Brüel & Kjaer 噪声监测系统来监测社区的噪声水平。 1995 年至 2008 年间，Lochard GEMS 系统用于监测噪声水平和飞行轨道，与该系统连接的 NMT 数量扩大到 16 个。 2008 年，机场管理局开始了一个用 Lochard ANOMS8 系统取代 GEMS 的项目。该项目将涉及完全更换所有硬件，并将向网络添加 4 个新的 NMT。ANOMS8 系统还将集成 NOTAM、天气和 ATC 语音记录。ANOM8 系统自 2009 年年中以来一直在运行。 该网络增加了 4 个新的 NMT，该网络现在由连接到 ANOMS8 系统的 20 个 NMT 组成。ANOMS8 系统通过加拿大海军坡道雷达的专用馈送接收飞行轨迹信息。 ANOMS8 系统连续测量噪声，并自动将 NMT 捕获的噪声事件与附近的飞机相关联。这允许确定 NMT 社区的飞机噪声贡献。此外，该系统集成了所有必要的

续表

序号	国别	机场名称	机场译名	噪声排放限值	噪声附加费	噪声监测系统
136	加拿大	Vancouver International	温哥华国际	无	无	分析工具，包括噪声监测、飞机飞行轨道调查、统计分析、天气分析、投诉调查、测绘和报告。 2009 年 5 月，适用于 YVR 的 WebTrak 可用，该在线工具允许居民在大温哥华大都会的大部分地区进行“实时”（延迟 10 min）和历史飞行操作。WebTrak 使用驻扎在温哥华大都会的 20 个噪声监测终端收集的雷达和噪声数据，显示该地区及当前飞行和噪声活动的地图。一个简单的可视化密钥可以识别飞机类型、海拔和噪声水平，以及飞机是到达还是离开。WebTrak 可以通过以下链接查看 -http://yvr.webtrak-lochard.com/template/index.html
137	加拿大	Hamilton International	汉密尔顿国际	无	无	机场安装了一个噪声监测系统，配有 2 台固定式监测仪和 1 台便携式监测仪
138	加纳	Kotoka International	科托卡国际	无	无	不定期调查
139	加拿大	Montreal-Pierre Elliott Trudeau Intl	蒙特利尔皮埃尔埃利奥特特鲁多国际机场	无	无	8 个永久性噪声监测终端和一个移动监测站用于持续监测机场周围的噪声水平。机场拥有 ANOS 系统（机场噪声和运行监测系统），该系统处理加拿大海军提供的关于飞机位置、高度和速度的雷达数据、噪声监测仪测量的噪声数据和天气信息。ANOS 集成了所有必要的分析工具：噪声监测、飞机飞行轨迹调查、统计分析、天气分析、投诉调查、绘图和报告。该系统具有将噪声投诉与飞机运行和相关噪声水平联系起来的综合能力

续表

序号	国别	机场名称	机场译名	噪声排放限值	噪声附加费	噪声监测系统
140	捷克	Ostrava International	俄斯特拉发国际	无	无	无
141	捷克	Pardubice Airport	帕尔杜比采机场	无	无	无
142	捷克	Prague Ruzyne	布拉格鲁济讷	LAeq＝白天 60 dB（LAeq＝晚上 50 dB）普拉哈鲁济涅机场周边地区已被宣布为噪声保护区。噪声限值如下：L Aeq＝60 dB（白天）（LAeq＝50 dB（夜间））。该区域符合 CAA 采取的防噪声措施的条件。1998 年至 2010 年间，空中交通噪声缓解投资总额达到 2.61 亿欧元	噪声费用-布拉格/鲁济涅机场 1. 根据飞机适航证书或噪声证书，噪声收费的计算依据是噪声类别和飞机 MTOW。 噪声收费仅适用于 MTOW 超过 9 t 的飞机。 如果不符合飞机适航证书或噪声证书的条件，将根据使用的飞机类型和 5 的措辞采用表值。 2. 根据与国际民航组织附件 16/I 第二部分限制相关的以下标准，飞机被分配到噪声类别。 3. 根据第 3 章、第 4 章和第 5 章认证的飞机或 2-2.4.2。 根据国际民航组织附件 16/I 第二部分的适当章节，通过从噪声限制中减去噪声证书中给出的噪声水平值来计算。根据第 4 章，飞机根据累积差异被列入各自的噪声类别。在这种情况下，在某种程度上，噪声水平超过了国际民航组织附件 16/I 第二部分适当章节的限制，飞机被列入下一个更高的噪声类别。 4. 21:00（20:00）～次日 05:00（04:00）期间属于第 3 类、第 4 或第 5 类的飞机的飞行费用是特定噪声类别的三倍。	CTR Ruzyne 对飞机噪声进行持续测量和飞行路线监测。噪声由 13 个固定站和 2 个移动站测量。监测系统的结果可在 www.prg.aero 上获得

续表

序号	国别	机场名称	机场译名	噪声排放限值	噪声附加费	噪声监测系统
142	捷克	Prague Ruzyne	布拉格鲁济讷	LAeq＝白天 60 dB（LAeq＝晚上 50 dB）普拉哈鲁济涅机场周边地区已被宣布为噪声保护区。噪声限值如下：L Aeq＝60 dB（白天）（LAeq＝50 dB（夜间））。该区域符合 CAA 采取的防噪声措施的条件。1998 年至 2010 年间，空中交通噪声缓解投资总额达到 2.61 亿欧元	5. 如果飞机运营商没有最迟在飞机起飞前以书面形式向机场运营商（数据管理部门）提交根据计算噪声类别的必要文件之一（如果没有其他规定），则将向飞机运营商收取每 1 吨飞机 MTOW50 欧元的额外噪声费。 豁免 以下飞机的航班无需付费： ——因天气、机械或无线电故障返回出发机场的飞机，以及强制或紧急着陆的飞机。 ——专门为运送皇室成员、国家元首和政府首脑、执行公务的部长而进行的航班； ——由主管 RCC 机构授权的搜索和救援航班， ——开展空中救援服务的飞机，包括二级和遣返航班及与人命救援直接相关的航班； ——民航局的航班	CTR Ruzyne 对飞机噪声进行持续测量和飞行路线监测。噪声由 13 个固定站和 2 个移动站测量。监测系统的结果可在 www.prg.aero 上获得
143	科威特	Kuwait International	科威特国际	无	无	所用设备为 B&K 4921 型、B&K 旁路 2607、B&K 2305 型和 B&K 4420 型
144	克罗地亚	Split Airport	斯普利特机场	无	3/2011 机场更新。 着陆费： 4 t：每吨 7.00 欧元 超过 4 t：每吨 8.50 欧元 噪声费：5 类飞机 第一类、第二类飞机：着陆费的 15% 第三、第四、第五类飞机：免费	机场已全面实施噪声和飞行轨道监测系统。该系统由 LOCHARD 提供。共有 4 个监控终端（3 个固定和 1 个移动），结果仅用于分析。这个机场没有噪声限制
145	拉脱维亚	Riga International	里加国际	无	无	ECAC.CEAC Doc 29 INM V 6.2 TOPSONIC
146	黎巴嫩	Beirut Airport	贝鲁特机场	无	无	无
147	立陶宛	Kaunas Intl.	考纳斯国际机场	在生活区，公共场所：Lden-65，Ld-66，Le-61，Ln-55	无	自 2004 年以来的 TOPSONIC 噪声控制和监测系统

续表

序号	国别	机场名称	机场译名	噪声排放限值	噪声附加费	噪声监测系统
148	立陶宛	Palanga International	帕兰加国际	无	无	无
149	卢森堡	Luxembourg International	卢森堡国际	无	涡轮喷气动力飞机，高达 60 t，每吨 3.62 欧元；超过 60 t，每吨 4.86 欧元； 螺旋桨飞机，高达 60 t，每吨 3.62 欧元，超过 60 t，每吨 9.72 欧元。 当地时间 23:01～00:00 的航班，正常着陆费用翻倍。 当地时间 00:01～05:59 的航班，正常着陆费用是三倍	Lochhard 噪声监测系统（5 个单元）
150	罗马尼亚	Bacau	巴考	无	无	无
151	罗马尼亚	Bucharest Baneasa	布加勒斯特巴尼亚萨	无	为了减少当地时间 22:00～次日 06:00 降落和起飞的涡轮喷气式飞机的数量，该机场根据平均起飞重量收取了更高的降落费用。详细请见网址：https://www.boeing.com/resources/boeingdotcom/commercial/noise/baneasa.html	2010 年将在布加勒斯特巴尼亚萨奥雷尔弗莱库国际机场开展一项关于噪声缓解解决方案的研究
152	罗马尼亚	Bucharest Henri Coanda Intl	布加勒斯特亨利康达国际机场	90 dB（A），根据 Henri Coanda 布加勒斯特国际机场环境许可证起飞和降落除外	为了促进噪声行动计划的正确实施，正在制定噪声附加费，并定期向伊尔福夫县环境保护局提交噪声报告	正在部署中
153	马尔代夫	Male International Airport	马累国际机场	住宅区 PNL 50 dB（A）	无	无
154	马来西亚	Kuala Lumpur Intl.	吉隆坡国际机场	《马来西亚噪声管制法》和美国能源部指南	无	顾问提供距离 KLIA 20 km 半径范围内的飞机噪声水平——每年监测两次

续表

序号	国别	机场名称	机场译名	噪声排放限值	噪声附加费	噪声监测系统
155	马提尼克岛	Fort de France	法兰西堡	无	6/2011 IATA ATC 和燃油费曼努埃尔为了计算不包括乘客费等的着陆费，请遵循三部分流程。首先计算着陆费，然后计算对着陆费的调整，这是基于飞机声学组的噪声附加费。详细见网址：https://www.boeing.com/resources/boeingdotcom/commercial/noise/fort_de_france.html	无
156	美国	Albuquerque International Sunport	阿尔伯克基国际阳光港	无	无	BAE Systems TAMIS TA40000A-9 个固定监视器和 1 个便携式监视器。BAE Systems ARTS-IIIA 跟踪系统 STARS
157	美国	Anchorage International	安克雷奇国际	无	无	机场目前正在安克雷奇社区内安装 10 个远程噪声监测站
158	美国	Aspen-Pitkin County/Sardy Field	阿斯彭-皮特金县/萨迪场	无	无	全年定期
159	美国	Austin Bergstrom Intl.	奥斯汀伯格斯特罗姆国际机场	无	无	9 个监测仪，5 个已移除
160	美国	Baltimore-Washington Intl	巴尔的摩-华盛顿国际机场	巴尔的摩/华盛顿国际瑟古德马歇尔机场对通勤跑道 15 L/33 R 有噪声规定。跑道的使用仅限于任何产生 87 dB 或更低 SEL 的飞机，但是，噪声监测系统不用于执行该规则	无	噪声监测系统现在由 19 个永久监测点组成。 噪声监测系统的目的是： 1. 监测机场周围社区的长期噪声暴露情况。 2. 评估现有的降噪程序和未来修改的必要性。 3. 提供可用于回应个人和社区噪声投诉和担忧的背景数据。 4. 验证机场噪声等值线的准确性。 监控系统不用于监控单个飞机天桥的噪声水平，以强制执行任何类型的噪声预算或最大 SEL 水平。机场没有这样的要求。系统中没有预设的噪声水平，如果超过就会构成违规

续表

序号	国别	机场名称	机场译名	噪声排放限值	噪声附加费	噪声监测系统
161	美国	Barnstable Municipal	巴恩斯特布尔市政	无	无	便携式噪声监测仪：B&K 于 2010 年购买
162	美国	Bob Hope Airport	鲍勃霍普机场	规则 10 A. 除本协议（B）和（C）部分的规定外，根据联邦航空管理局颁发的运行证书运行的任何飞机均不得在鲍勃霍普机场降落或起飞。 B. 根据美国联邦航空管理局颁发的运行证书运行的下列飞机，在遵守所有其他适用的规则和条例的情况下，应获准在鲍勃霍普机场降落和起飞： 1. 运输类大型飞机和涡轮喷气式飞机根据 FAR 第 36 部分或 ICAO 附件 16 认证的动力飞机，其审定的边线噪声级等于或小于： a. 对于已在 0.25 mile 边线距离处确定的审定噪声级的飞机，105.0 有效感知噪声分贝； b. 对于已在 450 m 边线距离处确定的审定噪声级的飞机，105.1 有效感知噪声分贝； c. 对于在 0.35 mile 边线距离处确定的认证噪声级的四引擎飞机，103.5 有效感知噪声分贝。 2. 从 15 号跑道起飞时，在正常运行条件和程序下，在机场监测站 1、2 和 3 测量的平均噪声暴露水平（SEL）等于或小于 104.5 dB 的飞机，确定如下： a. 对于在 1981 年 6 月 30 日结束的年度内定期在机场运行的飞机类型，平均水平应根据 1981 年 4 月、5 月和 6 月期间在监测站 1、2 和 3 测量的 SEL 值的能量平均值确定	无	17 个永久远程噪声监测站，通过电话线连接到中心站点。（目前正在更新到 20 个站）

续表

序号	国别	机场名称	机场译名	噪声排放限值	噪声附加费	噪声监测系统
162	美国	Bob Hope Airport	鲍勃霍普机场	b. 对于在 1981 年 6 月 30 日结束的年度内不经常在机场运行的飞机类型，飞机运营人员应提交对监测站 1、2 和 3 预期的能量平均 SEL 值的估计，并附有足够的噪声水平和起飞性能计算，显示获得估计的基础。如果平均组合噪声级估计值在 101.5～104.5 dB 范围内，机场应有权选择允许飞机在机场运行 90 天的示范期。在这 90 天的示范期间，在 1、2 和 3 站测量的噪声级应作为确定航空器是否符合本部分规定的噪声限值的基础。根据本（B）②（b）部分授予的许可仅在经批准的航空器继续在上述 104.5 dB 或低于 104.5 dB 的平均综合噪声水平下继续运行时继续有效。 C. 根据联邦航空管理局颁发的运行证书运行的飞机，其噪声水平超过（B）部分规定的限制，只有在以下情况才允许在鲍勃霍普机场降落和起飞： 1. 如果这种着陆和起飞是由于宣布的紧急情况的存在而导致的； 2. 如果这种着陆和起飞是由于使用机场作为替代天气而造成的； 3. 如果此类着陆和起飞与 FAA 认证的维护、修理和改装有关。 D. 应机场管理局的要求，航空器运营人员或机长应记录或证明导致噪声水平超过上述（B）部分。 E. 任何违反本规则规定的航空器运营人员或机长可根据委员会的判断，除任何其他可用的补救措施（包括禁令性补救措施）外，每次未经授权的着陆和起飞还可能受到 1 000 美元的民事处罚（$1 000）	无	17 个永久远程噪声监测站，通过电话线连接到中心站点。（目前正在更新到 20 个站）

续表

序号	国别	机场名称	机场译名	噪声排放限值	噪声附加费	噪声监测系统
163	美国	Boca Raton	博卡拉顿	无	无	2/2005 Lochard 正在安装一个带有 7 台监视器和 1 个飞行跟踪系统的 ANOMS 噪声监测系统。 4/2006 全面使用 ANOMS 系统，并在机场网站上安装了网络跟踪系统
164	美国	Bradley International	布拉德利国际	无	无	2008 年：AIP 拨款安装噪声监测和飞机跟踪系统
165	美国	Buchanan Field Airport	布坎南机场	条例 88-82（噪声条例）限制老式和嘈杂的喷气式飞机在机场运行。 如咨询通告 36-3 所述，机场不允许起飞时额定值高于 78 dB（A）的飞机。 在晚上 10 点到早上 7 点之间，不允许任何按照 AC36-3 的规定起飞时额定值高于 75 dB（A）的飞机在机场运行	无	无
166	美国	Charles M Schulz-Sonoma County	查尔斯 M 舒尔茨-索诺玛县	机场在上午 6:00 到晚上 10:00 之间额定值限制为 83.6 dB（A），在晚上 10:00 到上午 6:00 之间额定值限制为 72 dB（A）	无	无
167	美国	Charlotte-Douglas International	夏洛特-道格拉斯国际	无	无	机场有便携式噪声监测设备
168	美国	Chicago-Midway	芝加哥-中途岛	无	无	ANMS 由 12 个 LD870b 永久监测仪和 1 个便携式噪声监测程序组成。FAA ARTS 是 ANMS 飞行轨迹的来源
169	美国	Cincinnati Municipal Lunken	辛辛那提市政伦肯	无	无	机场有 1 个声学监视器网络。此外，机场还有 1 个航班跟踪和识别系统
170	美国	Cincinnati Northern Kentucky International	辛辛那提北肯塔基国际	无	无	Lochard 的飞行跟踪系统（GEMS）及其子组件最初于 1996 年购买，随着时间的推移进行了多次系统升级。2002 年新增 6 台便携式噪声监测终端（EMU1200）。2006 年从 GEMS 升级到 ANOMS8（Lochard）

续表

序号	国别	机场名称	机场译名	噪声排放限值	噪声附加费	噪声监测系统
171	美国	Cleveland-Hopkins Intl.	克利夫兰-霍普金斯国际机场	无	无	11 个站点，Tracor 应用科学永久系统，1 个便携式 Larson-Davis 监视器。根据机场网站-噪声监测站记录飞机声级。在克利夫兰、布鲁克公园、奥姆斯特德镇、奥姆斯特德瀑布和伯里亚有 11 个永久遗址。该位置确定了噪声对大多数周边社区的影响。每个站点每周 7 天、每天 24 h 测量飞机噪声，并传输数据以进行重复分析。设备每天自动校准，每年手动调整两次，以确保准确性。 机场设有噪声热线 216 989 5220
172	美国	Colorado Springs Municipal	科罗拉多斯普林斯市政	无	无	周期性的
173	美国	Dallas Love Field	达拉斯爱场	无	无	TRACOR 于 1998 年 8 月完成了永久性噪声监测和飞行跟踪系统的安装。该系统由 13 个噪声监测点组成
174	美国	Dallas-Fort Worth Intl.	达拉斯-沃思堡国际机场	无	无	机场有 1 个永久性噪声监测系统，由 35 个监测点组成，覆盖约 120 $nmile^2$
175	美国	Dekalb-Peachtree	Dekalb-桃树	机场的高噪声阈值在监视器 2、3 和 4 处为 90 dB（A） L_{max}。在 NMS #1 处为 93 dB（A） L_{max}	无	噪声监测系统由 4 个 BAE Systems TAMIS TA40000A 监测仪组成。机场还有 1 个 ARTS-3E 航班跟踪系统。该信息使机场能够识别对附近周边社区造成最大干扰的飞机类型。此外，机场设有 24 小时噪声热线（770）936-5442，并可通过电子邮件提交噪声和运营投诉

续表

序号	国别	机场名称	机场译名	噪声排放限值	噪声附加费	噪声监测系统
176	美国	Denver International	丹佛国际	噪声暴露性能标准（NEPS）社区内有101个地点对噪声进行监测，违反这些监测仪的噪声水平，每次违规将被处以500 000美元的罚款	无	DEN 机场噪声和运行监测系统（ANOMS）是一种最先进的计算机系统，旨在使丹佛市和县能够监测机场附近的飞机噪声。除了监测噪声水平，系统还计算噪声暴露性能标准。（NEPS）在亚当斯县的 101 个网格点（参见上面的地图了解 NEPS 位置）。DEN ANOMS 系统监测 27 个永久和 4 个便携式噪声监测终端的噪声水平。这些航站楼遍布丹佛都会区（参见上面的地图了解 RMT 位置）。该系统还利用 FAA 空中交通管制雷达数据记录 DEN 附近所有飞机的运动。这使得将实际航班与噪声事件相匹配成为可能。此外，ANOMS 系统记录来自三个远程站的天气信息，其中包括一个 RACAL 记录设备，用于记录飞行员/控制器的无线电传输。ARTSMAP 是一个专门设计的噪声建模程序，可自动创建噪声轮廓。ARTSMAP 旨在根据我们办公室从 FAA ARTS 系统接收到的实际雷达飞行轨迹创建轮廓，该系统通过调制解调器发送，无需手动数据处理。ARTSMAP 软件安装在降噪办公室的电脑上。该程序分析、查看、报告和存储数据。目前，ARTSMAP 已在全国多个主要机场使用。它允许 DEN 噪声消除办公室执行噪声数据分析、生成每日自动噪声等值线、接收详细的跑道利用率和航空公司机队组合识别。根据机场 4/13/95 的信息：1994 年 3 月 9 日生效，公共工程部维护规章制度根据 1994 年 1 月 11 日丹佛市和县修订后的市政法典第 5 章第 5-16 节采用

续表

序号	国别	机场名称	机场译名	噪声排放限值	噪声附加费	噪声监测系统
176	美国	Denver International	丹佛国际	噪声暴露性能标准（NEPS）社区内有101个地点对噪声进行监测，违反这些监测仪的噪声水平，每次违规将被处以500 000美元的罚款	无	80.03.2（5）必须进行涉及多个机场跑道使用配置的飞机着陆和起飞运行，以观察符合65 Ldn噪声等值线和噪声暴露性能标准（NEPS）的政府间新协议机场，于1988年4月21日在丹佛和亚当斯县之间执行。丹佛已经建立并安装了一个噪声监测系统，该系统应记录和计算65 Ldn等值线和leq（24）值，以监测和执行NEPS。从DIA开始运营后一（1）年开始，该数据应每年用于计算政府间协议中确定的网格点的实际65 Ldn噪声等值线和leq（24）值。 180.03.2（6）FAA有责任管理和控制通航空域。尽管FAA无法确保始终按照此处规定的方式完全避开噪声敏感区域，但将根据FAA Final的要求，尽一切合理努力来适应丹佛市和县的NEPS和其他降噪目标环境影响声明
177	美国	Detroit Metropolitan Wayne County	底特律都会韦恩县	无	无	2010年2月，机场正在购买飞行监控系统
178	美国	Dulles International	杜勒斯国际	无	无	12个站点-12个监测站点位于机场周围的社区
179	美国	Elmira/Corning Regional	埃尔迈拉/康宁地区	65 dB（A）	无	无
180	美国	Fresno Yosemite International	弗雷斯诺优胜美地国际	无	无	安装噪声监测系统是机场第150部分噪声兼容性计划更新中提出的项目之一
181	美国	Ft Lauderdale Executive	劳德代尔堡行政	位于机场以东3 mile的2号噪声监察器的自愿最高噪声声级不得超逾80 dB（A）	无	ANOMS噪声监测设备配有6个噪声监测终端，可记录噪声水平

续表

序号	国别	机场名称	机场译名	噪声排放限值	噪声附加费	噪声监测系统
182	美国	Ft Lauderdale-Hollywood International	劳德代尔堡-好莱坞国际	无	无	机场现有 11 个远程监测终端（噪声点）、3 个便携式设备和洛查德机场噪声与运行监测系统（ANOS）。麦克风和分析仪是 Larson-Davis 的设备
183	美国	LaGuardia	拉瓜迪亚	离港飞机产生的噪声不得超过 112 PNdB（感知噪声级，单位为分贝），由离港飞机飞行路径下离离港跑道最近的社区的噪声监测仪测量。在约翰·F·肯尼迪国际机场，违反这一规定的每架飞机起飞，飞机运营商将被收取 250 美元的罚款	无	两个噪声监测点： 地点 1：纽约州法拉盛，距离制动释放装置 2.9 mileR/W 13 地点 2：纽约州杰克逊高地，距离制动释放装置 1.9 mile R/W 22 噪声监测系统每天 24 小时运行，以监测所有喷气式飞机的起飞情况，并监测是否符合 112 PNdB 的起飞噪声限制。请参见噪声级限制
184	美国	Lake Tahoe Airport	太浩湖机场	夜间：（20:00～08:00）77.1 dB（A）（起降） 84 dB（A）到达 白天：（08:00～20:00） 80 dB（A）起飞 86 dB（A）到达（超过 60 座飞行器） 每次出发和到达时都会测量噪声水平	无	监测仪的放置符合 FAR 36 附录 C 第 C36.3 节的规定。到达监测仪放置在距离飞行路线延长中心线上阈值 6 562 ft 的位置。离港监测仪位于飞行路线延长中心线或中心线上，距离起飞滚转开始 21 325 ft 处。 监测仪如下所示： 监测仪# 1. 出发，直出 36 号跑道 2. 抵达，直行 18 号跑道 3. 抵达，直行 36 号跑道 4. 出发，18 号跑道 5. 出发，草地跑道 36 6. 抵达，草地跑道 18
185	美国	Lambert-St Louis Intl.	兰伯特-圣路易斯国际机场	无	无	ITT Airscene TAMIS TA40000A-十七（17）个永久性站点加上七（7）个便携式站点

续表

序号	国别	机场名称	机场译名	噪声排放限值	噪声附加费	噪声监测系统
186	美国	Laurence G Hanscom	劳伦斯·G·汉斯科姆	无	1980 年，制定了晚上 11 点～次日 7 点的场地使用费，鼓励在晚上 11 点之前或次日早上 7 点之后使用场地，以帮助减少噪声暴露	注：时代公司将于 2007/2008 年升级韩通的噪声监测软件/系统。作为升级的一部分，安装了新的 Bruel&Kjaer 显示器。来自 Larson Davis LD870 的 Bruel&Kiaer ENOMS 系统，带有 DI ARTS 飞行跟踪。1994 年，对 6 台运行中的永久性噪声监测仪的软件进行了升级，提高了系统的能力，并提供了对 Hanscom 活动中大多数 FAA 雷达数据的访问。噪声监测系统将实际测量的噪声数据添加到噪声估计中，这将是增加对 Hanscom 周围噪声暴露了解的宝贵资源。 噪声消减办公室每年编制一份报告，详细说明机场的噪声暴露水平。我们有一份 1998 年 10 月的报告，其中有一张显示监视器位置的地图。这是一份内容非常广泛的报告，其中包含了许多有用的信息
187	美国	Lehigh Valley Intl.	利哈伊谷国际机场	无	无	Brüel&Kjær ANOS 系统，由四（4）个永久监测单元和一（1）个便携式单元组成
188	美国	Long Beach	长滩	根据机场经理调整机场用户类别允许的单次事件噪声限值以降低该群体的累积噪声水平的权力，机场的所有非政府运营应满足以下 SENEL 限值。除紧急情况或空中交通指示外，晚上 10 点～早上 7 点的所有飞机运营仅限于 30 号和 12 号跑道。SENEL 限值详细请参见网址：https://www.boeing.com/resources/boeingdotcom/commercial/noise/long_beach.html	100 美元和 300 美元。请参阅噪声水平限制 16.43.090 违规执法	18 个远程噪声监测现场。在 18 个监测仪中，只有 6 名用于执法。这些是 1、2、5、6、9 和 10
189	美国	Long Island MacArthur	长岛麦克阿瑟	23:00～次日 06:30　　85 dB 近进；72 dB 起飞　AC36-3	无	无

续表

序号	国别	机场名称	机场译名	噪声排放限值	噪声附加费	噪声监测系统
190	美国	Los Angeles International	洛杉矶国际	无	无	LAWA 对其整个噪声监测系统进行了升级；旧场地已被替换或改造，并增加了新场地。在洛杉矶国际机场，新系统共有 39 个噪声监测仪。以下是噪声监测仪站点列表，其中包含每个监测仪的参数设置和位置信息。站点列表详见网址：https://www.boeing.com/resources/boeingdotcom/commercial/noise/losangeles.html
191	美国	Louis Armstrong Intl.	路易斯·阿姆斯特朗国际机场	无	无	机场在 2003 年 1 月宣布，它已经购买了梅加达公司的 PASSUR 机场监控系统，该系统将允许居住在机场附近的居民通过网络监控飞机的飞行轨迹。该系统可通过机场网站访问，网址为 http：//www.flymsy.com 便携式噪声监测装置。应居民要求进行的监测。 截至目前，噪声限值尚未确定。 机场雷达跟踪系统（ARTS）已安装并投入运行。对飞机飞行轨迹进行连续记录，并由机场工作人员对轨迹进行审查
192	美国	Louisville International	路易斯维尔国际	无	无	便携式/空中场景
193	美国	Martin County Airport	马丁县机场	待决建议	无	ANOMS 系统，带 2 个永久监测仪，一个在 12 号跑道的进近端，一个位于 30 号跑道的入近端。将有一个临时监视器，它将被转移到社区内的不同位置。 该系统的主要用途将是自动处理噪声投诉，并跟踪自愿宵禁的遵守情况和我们标准仪器的使用情况
194	美国	Miami International	迈阿密国际	无	无	机场噪声运行监测系统（ANOMS 8）安装了 21 个 NMT

续表

序号	国别	机场名称	机场译名	噪声排放限值	噪声附加费	噪声监测系统
195	美国	Minneapolis-St Paul Intl.	明尼阿波利斯-圣保罗国际机场	无	无	美国最大、最复杂的同类装置，明尼阿波利斯/圣保罗国际机场（MSP）机场噪声和运行监测系统（ANOMS）是复杂且不断发展的噪声和空域管理计划的核心要素。MSP 的 ANOMS 为评估机场和空域利用率以分析噪声影响提供了极其准确和精确的客观工具。该系统于 1993 年投入运行，提供了以前无法提供的噪声和空域管理能力。从那时起，ANOS 已成为空域和噪声问题数据采集和传播的焦点
196	美国	Monterey Peninsula	蒙特雷半岛	无	无	所有噪声监测都是在距离机场两英里以内的不同地点使用移动设备进行的，并与住宅隔音计划结合使用
197	美国	Montgomery Field	蒙哥马利球场	06:30～23:30 88 dB（A）最大噪声水平（MNL）或 94 dB（A）SENEL 23:30～06:30 70 dB（A）最大噪声水平（MNL）或 76 dB（A）SENEL 注意：噪声限制仅适用于住宅区。违反者将被处以最高 250 美元的罚款	无	11 个监视器
198	美国	Nantucket Memorial	楠塔基特纪念馆	无	无	飞行轨迹合规监控系统
199	美国	Naples Municipal	那不勒斯市政	无	无	机场有 4 个便携式噪声监测仪
200	美国	Nashville International	纳什维尔国际	无	无	便携式系统 + 航迹监控系统

续表

序号	国别	机场名称	机场译名	噪声排放限值	噪声附加费	噪声监测系统
201	美国	Newark Liberty Intl.	纽瓦克自由国际机场	离港飞机产生的噪声不得超过 112 PNdB（感知噪声级，单位为分贝），由离港飞机飞行路径下离离港跑道最近的社区的噪声监测仪测量。在约翰・F・肯尼迪国际机场，违反这一规定的每架飞机起飞，飞机运营商将被收取 250 美元的罚款	无	噪声监测系统每天 24 小时运行，以监测所有喷气式飞机的起飞情况，并监测是否符合 112 PNdB 的起飞噪声限制。请参见噪声级限制
202	美国	Norwood Memorial	诺伍德纪念馆	所有超过 75 dB（A）或 87 EPNdB 的飞机不鼓励使用该机场	无	无
203	美国	Oakland Intl.	奥克兰国际机场	无	无	奥克兰港运营着一个全面的飞机噪声和运行监测系统，可以积极识别违反噪声消减规则的飞机。该系统由一台连接到 FAA Bay TRACON 设施的计算机、位于邻近社区的 15 台固定远程噪声监测仪及 4 台便携式监测仪组成。该系统通过一个数字语音记录器进行了增强，该记录器调谐到美国联邦航空管理局空中交通管制所使用的无线电频率。该设备使降噪办公室能够识别和教育不熟悉当地降噪规则和程序的飞行员，并在噪声投诉调查中更好地为邻近社区服务
204	美国	O'Hare International	奥黑尔国际	无	无	机场噪声监测系统有 31 个永久监视器，13 个便携式监视器，FAA 雷达连接飞行跟踪、噪声投诉热线
205	美国	Ohio State University	俄亥俄州立大学	无	无	机场使用的空中场景噪声和运行监测系统（NOMS）

续表

序号	国别	机场名称	机场译名	噪声排放限值	噪声附加费	噪声监测系统
206	美国	Ontario International	安大略国际	无	无	LAWA 对其整个噪声监测系统进行了升级；旧场地已被替换或改造，并增加了新场地。在安大略省，新系统共有 15 个噪声监测仪。以下是噪声监测仪站点列表，其中包含每个监测仪的参数设置和位置信息。站点列表详见网址：https://www.boeing.com/resources/boeingdotcom/commercial/noise/ontario.html
207	美国	Opa Locka	奥帕洛卡	无	无	有
208	美国	Orlando Executive Airport	奥兰多行政机场	禁止在 1992 年晚上 11 点～次日 6:00、1993 年开始的晚上 10:30～次日 6:30 和 1994 年开始的晚上 10:00～次日 7:00 发出超过 88 EPNdB 噪声	无	噪声运行监测系统（NOMS）AirScene.com NOMS 由 Era Corporation 设计，使用 Bruel&Kajer（B&K）NMT
209	美国	Orlando International	奥兰多国际	无	无	噪声运行监测系统（NOMS）AirScene.com NOMS 由 Era Corporation 设计，使用 Bruel&Kajer（B&K）NMT
210	美国	Orlando Sanford Intl.	奥兰多桑福德国际机场	无	无	拉尔森戴维斯 820
211	美国	Paine Field	潘恩场	无	无	潘恩菲尔德有 3 台拉森戴维斯 831 型噪声监测仪。目前，有 3 个永久安装在靠近机场 16R 和 W 的位置。在便携式拖车中还设置了监视器。监测系统收集单个事件和累积噪声水平的数据。单个事件数据与飞机运行和投诉数据相关

续表

序号	国别	机场名称	机场译名	噪声排放限值	噪声附加费	噪声监测系统
212	美国	Palm Beach International	棕榈滩国际	1985 年 12 月生效的第 84-20 号法令规定，所有在机场运行的飞机的最大噪声限值为 108 EPNL，从而淘汰了所有第一阶段飞机	第 89-29 号法令于 1985 年首次通过并于 1997 年 12 月修订，建立了从棕榈滩国际机场运营的飞机收取环境运营费的机制。FAR 第 36 部分的某些飞机在着陆时的噪声水平低于 83 dB（A），起飞时的噪声水平低于 73 dB（A），不受此规定的约束。运营费用表详见网址：https://www.boeing.com/resources/boeingdotcom/commercial/noise/palm_beach.html	无
213	美国	Pease International	皮斯国际	无	无	联系机场了解信息
214	美国	Philadelphia International	费城国际	无	无	机场于 1997 年安装了机场噪声监测系统。该系统从美国联邦航空管理局收集雷达数据，以监控飞机的飞行操作，并确保遵守机场的降噪程序。机场周围的各个社区也安装了永久性和便携式噪声监测仪，用于测量飞机噪声水平
215	美国	Phoenix Skyharbor Intl.	凤凰城天港国际机场	无	无	机场周围有 20 个永久性噪声监测点
216	美国	Port Columbus Intl.	哥伦布港国际机场	无	无	哥伦布地区机场管理局于 1999 年安装了噪声和飞行轨道监测系统。12 个永久性噪声监测终端位于哥伦布港，两个位于里肯巴克国际机场
217	美国	Portland International	波特兰国际	无	无	2005 年春季购买噪声飞行轨道监控系统

续表

序号	国别	机场名称	机场译名	噪声排放限值	噪声附加费	噪声监测系统
218	美国	Portland International	波特兰国际	无	无	机场于 1993 年底安装了一个永久性的噪声和运营监控系统。最近升级后，该系统包括上面链接的地图所示位置的 10 个永久噪声监视器，一个基于从联邦航空局在 PDX 的 TRACON 设施收集的雷达数据的飞行跟踪系统，以及一个基于互联网的公共飞行跟踪应用程序。此外，机场使用便携式噪声监视器在固定噪声监视器范围之外的社区进行监控
219	美国	Portland-Hillsboro	波特兰-希尔斯伯勒	无	无	HIO 系统主要包括上面链接地图所示位置的 4 个永久噪声监视器，一个基于从联邦航空局在 PDX 的 TRACON 设施收集的雷达数据的飞行跟踪系统，以及一个基于互联网的公共飞行跟踪应用程序。PDX 的 HIO 和雷达组件之间的上升地形将每个应用程序的飞行跟踪限制在 700′ AGL 以上的高度
220	美国	Raleigh-Durham Intl.	罗利-达勒姆国际机场	无	无	永久噪声监测系统在大多数地点都在运行
221	美国	Reid-Hillview Airport	里德山景机场	无	无	机场正在安装带有 6 个固定噪声监测终端的噪声监测和飞行跟踪系统（NOMS）
222	美国	Reno/Tahoe Intl.	雷诺/塔霍国际机场	无	无	该机场有一个新的机场噪声和运营监测系统（ANOMS），在瓦肖县各地永久放置了 14 台噪声监测仪。便携式噪声监视器将补充固定监视器，并提供维护备份。新的 ANOMS 监控飞机操作，包括飞行轨迹、跑道使用和活动水平，同时监测飞机产生的噪声水平并自动开发噪声轮廓。欲了解更多信息，请联系机场噪声项目临时经理 Lissa Butterfield，邮箱：noise.abatement@renoairport.com

续表

序号	国别	机场名称	机场译名	噪声排放限值	噪声附加费	噪声监测系统
223	美国	Ronald Reagan Washington National	罗纳德・里根华盛顿国民	查看机场宵禁。 3.11　夜间噪声限制 （1）除非在紧急情况下，除非本节第（2）款允许，否则，如果美国联邦航空管理局根据《联邦法规》第 14 篇第 36 部分认证的飞机类型和型号的 A 加权分贝估计噪声水平超过以下规定的适用噪声限值，则任何人不得在晚上 9:59 之后～7:00 之前在国家航空公司操作飞机。不允许对毛重进行调整。 到达：进近时产生 85 dB（A）； 起飞：起飞时产生 72 dB（A）。 （2）计划在晚上 10 点前到达并在晚上 10 时 30 分前获准最后进场的作业不受本节第（1）款规定的到达噪声限制的限制。 （读者注意：美国联邦航空管理局发布了第 36-3 号咨询通告“A 加权分贝的飞机噪声水平估计值”，其中列出了飞机类型和型号及其估计噪声水平。国家运营办公室提供了一份副本。） 3.12　罚款 违反第 3.11 条的行为将对违法者处以每次不超过 5 000 美元的民事处罚	无	http://www.mwcog.org/environment/airport/part150/existing.htm# （提供链接，但没有找到相关信息）
224	美国	Sacramento Executive	萨克拉门托行政	机场的使用仅限于美国联邦航空局认证的起飞噪声水平为 84 EPNdB 或以下的飞机，如美国联邦航空局咨询通告 36-1G 和 36-2G 所示	无	噪声监控系统使用 4 台定期部署的便携式显示器
225	美国	Sacramento Intl.	萨克拉门托国际机场	无	无	噪声监控系统使用 4 台定期部署的便携式显示器
226	美国	Sacramento Mather	萨克拉门托马瑟	无	无	噪声监控系统使用 4 台定期部署的便携式显示器

续表

序号	国别	机场名称	机场译名	噪声排放限值	噪声附加费	噪声监测系统
227	美国	Salt Lake City Intl.	盐湖城国际机场	无	无	安装了噪声监测系统。该系统由 3 个永久远程监测站和 1 个便携式监测站组成。电台配备了麦克风、风力监测仪和配套设备
228	美国	San Antonio Intl.	圣安东尼奥国际机场	无	无	噪声监测/飞行跟踪由 12 台显示器和 5 个飞行跟踪传感器组成
229	美国	San Diego Intl.	圣地亚哥国际机场	根据 FAR 第 36 部分起飞测量点（距离制动器释放 6 500 m）测量的 FAR 第 36 部分测试程序，任何人不得在机场操作任何产生超过 104 EPNdB 的飞机	无	请参阅附件，了解远程监控终端（RMT）的最新地址位置：https://www.boeing.com/resources/boeingdotcom/commercial/noise/KSAN_RMT_Locations.pdf 2017 年 5 月，圣地亚哥县地区机场管理局开始使用一种新的飞行跟踪器系统，该系统由总部位于荷兰的创新 IT 公司 Casper 提供动力，该公司专门开发基于实时位置的监控和分析工具。飞行跟踪器为圣地亚哥受噪声影响的社区提供近乎实时的飞行跟踪，以解决飞越和噪声问题。随着新的飞行跟踪器系统的推出，机场噪声缓解正在不断升级其远程监控终端（RMT）。圣地亚哥国际机场周围有 23 个远程监控航站楼，机场以西有 13 个 RMT，机场以东有 10 个 RMT。23 台噪声监测仪中有 15 台使用太阳能，所有 RMT 都通过无线调制解调器技术传输数据。除其他外，噪声监测数据提供了 CNEL 噪声轮廓和一天中的时间限制（Curneaw）的基础

续表

序号	国别	机场名称	机场译名	噪声排放限值	噪声附加费	噪声监测系统
230	美国	San Francisco Intl.	旧金山国际机场	无	无	截至 2005 年 1 月，机场安装了一个新的飞机噪声管理系统（ANMS），该系统利用了洛查德机场的噪声和运行监测系统 TM）8 产品套件。该系统由 29 个固定的环境监测单元、4 个便携式单元和 4 个地面助跑监测仪组成。以前的被动雷达系统被洛查德的新型混合动力 SkyTrak 取代 TM，美国联邦航空局 ARTS IIIE 和实时 S 模式与无源雷达的集成，驱动 SFO 社区网站并在整个机场提供飞行数据
231	美国	San Jose International	圣何塞国际	机场的运营与州法律不同，州法律要求 CNEL 限制为 65 dB（A）	无	加利福尼亚州是第一个获得全面运作机场噪声监测系统的州批准和认证的机场。SJC 的机场噪声监测系统：15 个站点监测起飞和接近。基于计算机的系统根据州法律，每天以 CNEL 单位确定的每个 nms 的噪声暴露水平持续运行。该县每季度向州 DOT 提交报告。CNEL 数据也用于土地使用规划。 机场有一个 24 h 噪声报告记录仪：408-452-0707。1992 年 11 月安装了飞机噪声和运营管理系统（ANOMS）。ANOMS 系统根据国家法规，在飞机到达和离开路径下对噪声敏感地区的战略位置记录和测量飞机噪声水平。 受影响地区（截至 2004 年 4 月 1 日） 噪声影响区域（法定英里平方）：0 预计受影响的住宅数量：0 居住在噪声影响边界内的估计人数：0
232	美国	Santa Barbara Municipal	圣巴巴拉市政	无	无	机场有噪声监测设备，包括无源雷达，允许机场将投诉与飞行数据联系起来。该系统由 3 台永久性显示器组成。该系统由 ERA Corp.安装

续表

序号	国别	机场名称	机场译名	噪声排放限值	噪声附加费	噪声监测系统
233	美国	Santa Maria Public	圣玛丽亚公共	无	无	无
234	美国	Santa Monica Airport	圣莫尼卡机场	根据圣莫尼卡市和联邦航空局之间的协议，制定了《机场条例》，规定在距离圣莫尼卡机场两端 1 500 ft 的噪声监测站点测量的最高噪声水平为 95.0 dB（A）单事件噪声暴露水平（SENEL）。圣莫尼卡机场“飞邻计划”侧重于飞行员教育和合作。然而，重复违反噪声限制的人将被逐步罚款（2 000 美元、5 000 美元、10 000 美元），并被禁止使用机场	无	机场有噪声监测计划，机场噪声办公室强烈鼓励机组人员联系“SMO 噪声办公室
235	美国	Sarasota-Bradenton	萨拉索塔-布雷登顿	无	无	2004 年，机场升级飞机噪声和运营监测系统（NOMS）的 Airscene PRU（APRU）软件
236	美国	Savannah International	萨凡纳国际	无	无	无
237	美国	Scottsdale Municipal	斯科茨代尔市政	无	无	2006 年：AIP 为 3 台便携式噪声监测仪拨款
238	美国	Seattle-Tacoma Intl.	西雅图-塔科马国际机场	无	无	Sea-Tac 在整个普吉特湾地区拥有 25 台噪声监测仪，并使用一个全面的软件程序，能够将公民投诉与飞机噪声和操作联系起来。https://www.boeing.com/resources/boeingdotcom/commercial/noise/seatacBrochure.pdf
239	美国	St Paul Downtown	圣保罗市中心	无	无	便携式 ANOMS 监控
240	美国	Tampa International	坦帕国际	无	无	机场购买了 1 台噪声监测系统，其中包括 4 台永久性噪声监测仪和两台便携式噪声监测仪。该系统还记录飞行轨道、ATCT 传输，并管理噪声投诉

续表

序号	国别	机场名称	机场译名	噪声排放限值	噪声附加费	噪声监测系统
241	美国	Teterboro	泰特波罗	https://www.boeing.com/resources/boeingdotcom/commercial/noise/TEB_FlightCrewHandBook_1009.pdf	无	https://www.boeing.com/resources/boeingdotcom/commercial/noise/TEB_FlightCrewHandBook_1009.pdf
242	美国	TF Green Airport	TF 绿色机场	无	无	基于飞机运营的信息和安装的飞行跟踪系统，以向立法机构报告运营情况
243	美国	Torrance Municipal	托伦斯市政	07:00～22:00 小时（周一至周五）和 08:00～22:00 小时（周六、周日、假日），限制为 82 dB（A）最大声级，88 dB（A）SENEL（SEL）。 出发宵禁(未经授权不得出发)：22:00～07:00 小时（周一至周五）和 22:00～08:00 小时（周六、周日、假日），限制为 76 dB（A）最大音量，82 dB（A）SENEL（SEL）	无	位于周围社区的 7 台监测仪
244	美国	Truckee Tahoe Airport	特拉基太浩机场	无	对于同意遵守自愿宵禁的租户，“Fly Quiet”机库费率折扣为每月 0.02/ft²。额外的每月 0.02/ft² 折扣，以进一步遵守晚上 10:30～次日 6:30 的自愿宵禁	无
245	美国	Tweed-New Haven	特威德-纽黑文	根据《纽黑文市议员委员会制定特威德-纽黑文机场飞机运营噪声和安全标准的法令》，有以下限制： 如果该型号飞机的“起飞”噪声水平在以下时间段内超过题为“EST DBA”一栏中的咨询通知中规定的以下噪声水平，则任何人不得在机场起飞或降落飞机：（注：咨询通知是 AC36-3H 或当前版本） （表） 根据《纽黑文市议员委员会制定特威德—纽黑文机场飞机运营噪声和安全标准的法令》，有以下限制：	无	无

续表

序号	国别	机场名称	机场译名	噪声排放限值	噪声附加费	噪声监测系统
245	美国	Tweed-New Haven	特威德-纽黑文	以下是对违反本条例的处罚： A. 第一次违规-书面警告。 B. 第二次违规行为-对飞机所有者或承租人处以城市宪章允许的最高美元金额的罚款。 C. 第三次及以后的违规行为—机场经理扣押飞机 7 个日历日，并对飞机所有者或承租人处以城市宪章允许的最高美元金额的罚款。 例外：军用应急和医疗飞机	无	无
246	美国	Van Nuys Airport	范奈斯机场	根据修订第 181106 号洛杉矶市条例，范奈斯机场自 2010 年 4 月 15 日起对飞机运营实施最高噪声水平。155，727（VNY 降噪和宵禁条例）。根据美国联邦航空局咨询通知 36-3，该法令提供了一个时间表，通过起飞最大 A 级音级来限制噪声更高的飞机的运行。 根据噪声水平限制，夜间宵禁为 22:00～次日 07:00（当地时间）。任何在每次 AC36-3H 起飞时产生 74 dB（A）或以上的固定翼飞机不得在宵禁时间内起飞	无	噪声监测系统-机场噪声和运营管理系统（ANOMS） LAWA 升级了整个噪声监测系统；旧站点已被更换或改造，并增加了新站点。在 VNY，新系统共有 14 台噪声监视器
247	美国	Westchester County	威彻斯特县	特别通知： 威斯特切斯特县机场有一个高范围噪声活动计划。在任何噪声监测地点达到或超过 90.0 dB（A）的飞机运营商将收到环境部的通知	无	带有远程噪声监控终端的地图：https://www.boeing.com/resources/boeingdotcom/commercial/noise/HPN%20Noise%20Monitor%20Sites%20Location%20Map.pdf 注：显示器的位置以十进制和度/分钟/秒格式显示（使用 FCC 转换器在 http://www.fcc.gov/mb/audio/bickel/DDDMMSS-decimal.html
248	美国	Yuma International	裕马国际	无	无	海军陆战队航空站-Yuma 运营该系统。空气安装兼容性使用区（AICUZ）。ATC 进入飞机起飞和出发方向。从数字中，有一个报告来显示飞机噪声最突出的位置

续表

序号	国别	机场名称	机场译名	噪声排放限值	噪声附加费	噪声监测系统
249	美国	General Edward Lawrence Logan Intl	爱德华·劳伦斯·洛根将军国际机场	为了减少对北部住宅区的噪声影响，跑道 4L 的起飞限制为 73 dB（A），22R 的着陆限制为 78 dB（A）。违反此限制的处罚是每次 50～500 美元的罚款	无	机场周围的居民区有 29 个噪声监测仪。该系统自 1990 年开始运行。波士顿洛根机场成为第一个使用新系统的机场，该系统将使当地机场当局能够自动识别有噪声的飞机和飞行模式。由美国联邦航空局批准并由马萨诸塞州港务局安装的新的 ARTS Ⅲ数据收集和编辑系统，利用该机构的 ARTSⅢ空中交通控制系统来识别周围社区的临界噪声污染水平。DI 总裁 Robert Wright 表示，该系统由 Dimension International 建造，“代表着全国机场管理部门评估和规划飞机噪声相关问题控制能力的巨大飞跃”。他说，该系统“完全取代了以前使用的方法，在几天内，而不是几周内，将数据准确地交给当地机场官员处理。”该系统提供了空中交通数据的连续记录，包括飞机呼号、航空公司航班号、位置数据和飞机类型，以关联噪声投诉或事件。美国联邦航空管理局控制收集和编辑过程，包括数据审查和以硬盘格式向机场降噪工作人员发布相关信息。他说，在其他机场安装的初步建议正在进行中
250	美国	General Mitchell International	米切尔将军国际	无	无	机场有一个噪声监测系统，包括 7 个带有飞行轨迹系统的永久监测仪。该系统用于监测活动并积累数据进行分析
251	美国	Greater Rochester Intl.	大罗切斯特国际机场	无	无	机场的噪声监测系统由门罗县卫生部门完成

续表

序号	国别	机场名称	机场译名	噪声排放限值	噪声附加费	噪声监测系统
252	美国	Hayward Executive	海沃德执行官	月 1 日生效的飞机在起飞时在上午 7:00～23:00 超过 77 dB（A）的最大噪声水平，从晚上 11:01～次日 6:59 超过 73 dB（A）时，即推定为违规，如 FAA AC 36-3F 所列。此外，由机场监控系统测量的上午 7:00～次日 23:00 和 23:00～次日 6:59 的 95 SENEL 的噪声限制将强制执行	无	机场有 4 台监视器。 飞机每天 24 小时受到监控
253	美国	Hilo International	希洛国际	无	无	该机场有一个 ANOMS 8 系统，该系统由澳大利亚 Lochard Inc.制造，于 2009 年安装。噪声监测仪位置详见网址：https://www.boeing.com/resources/boeingdotcom/commercial/noise/hilo.html
254	美国	Honolulu International	檀香山国际	无	无	该机场有一个澳大利亚 Lochard Inc.制造的 ANOM 8 系统。2009 年，机场又增加了 2 个噪声监测点。 噪声监测仪位置详见网址：https://www.boeing.com/resources/boeingdotcom/commercial/noise/honolulu.html
255	美国	Igor I Sikorsky Memorial	伊戈尔一世西科斯基纪念馆	如果飞机的起飞噪声水平在 FAA 咨询通知 36-3E（或其最新更换）中公布，超过 82.0 dB（A），禁止在晚上 10:00～次日 7:00 起飞（美国政府拥有和运营的飞机、为与医疗紧急情况直接相关的目的运营的飞机及经机场管理层事先书面批准运营的飞机除外）	无	目前，机场没有噪声监测系统。近期内没有安装系统的计划

续表

序号	国别	机场名称	机场译名	噪声排放限值	噪声附加费	噪声监测系统
256	美国	Jackson Hole Airport	杰克逊霍尔机场	杰克逊霍尔机场该机场的单一事件噪声水平在进近时的 dBA 等级上超过 92，任何飞机都不得在该机场运营。是否符合上述单一事件噪声标准将参考 FAA AC36-3H 或当前有效的该文件的版本来确定。不允许对毛重进行调整。如果 FAA 确定飞机类型和型号符合噪声限值，并且运营商获得机场委员会的批准，证明飞机的操作符合机场操作条件，则 AC 36-3G 中未列出的飞机类型和型号将被允许运行	无	有 6 个监测点
257	美国	John F Kennedy Intl.	约翰·F·肯尼迪国际机场	离港飞机产生的噪声不得超过 112 PNdB（以分贝为单位的感知噪声水平），由位于离离港跑道最近的社区的噪声监测仪在离港飞机的飞行路径下测量。在约翰·肯尼迪国际机场，飞机运营商被评估为每架违反此规则的飞机起飞收取 250 美元的货币费用	飞机起飞时的噪声起飞限值为 112 PNdB（以分贝为单位的感知噪声水平），由位于每条跑道尽头的第一个社区的噪声监测仪记录。飞机运营商对违反此规则的每架飞机起飞收取 250 美元的货币费用	噪声监测系统每天 24 小时运行，以监测所有喷气式飞机的起飞情况，并监测是否符合 112 PNdB 的起飞噪声限制。请参见噪声级限制
258	美国	John Wayne	约翰韦恩	噪声级限值（db SENEL）-db SENEL 或 SENEL 是指通过单事件噪声暴露水平方法测量和描述的分贝，详细的限制数据参见网址：https://www.boeing.com/resources/boeingdotcom/commercial/noise/john_wayne.html	无	有 10 个监测站，位置可见网址：https://www.boeing.com/resources/boeingdotcom/commercial/noise/john_wayne.html
259	美国	Kahului Airport	卡胡鲁伊机场	无	无	安装将于 2010 年完成
260	美国	Kalamazoo/Battle Creek	卡拉马祖/巴特尔克里克	FAR 第 36 部分噪声限值 0400～1130Z 生效	无	无
261	美国	Kansas City International	堪萨斯城国际	无	无	根据需要外包给工程顾问

续表

序号	国别	机场名称	机场译名	噪声排放限值	噪声附加费	噪声监测系统
262	美国	King County International	金县国际	无	无	飞机噪声数据是从战略位置的噪声监测点收集的；场地北端监测到的助跑分贝水平。飞行静默计划于 2004 年启动。2009 年 2 月提供了更新的飞行员手册和“安静飞行计划”飞行员插页；机场网站上提供的其他飞行员信息。美国联邦航空管理局于 2004 年 11 月发布的美国联邦航空局 RNAV GPS 方法；和美国联邦航空局于 2000 年 9 月发布的 VFR 绘制的港口视觉方法
263	南非	O.R.Tambo Intl	坦博国际	与 ACSA 协商评估新的发展。作为总体规划过程的一部分，正在使用 OR Tambo 国际机场的噪声等值线（INM）来评估这些开发	无	目前正在进行调查，以采购一个噪声监测系统。此外，机场还设立了噪声投诉热线，向市民通报异常高的噪声水平
264	挪威	Oslo Gardermoen Airport	奥斯陆加勒穆恩机场	在 23:00～次日 05:00，在飞机噪声区Ⅱ之外的最大噪声级不得超过 78 dB（A）L_{Amax}（飞机噪声地图 2002）。在同一时期，不允许在起飞时使用噪声合格审定超过 88 EPNdB 的飞机运行。上述章节中的限制不适用于允许晚于预定时间降落和起飞的延迟预定客机。这些限制也不适用于抵达进行技术检修或维护的飞机。 救护车航班和从事搜索、消防和救援行动的航班在任何时候都是允许的，不受上述噪声水平限制。 独立于上述规定，当机长认为出于安全原因不适合飞往另一个机场时，任何时候都允许降落。 奥斯陆 Gardermoen 机场可随时用作备降机场	无	机场有一个飞机噪声和飞行轨迹监测系统，有 9 个固定和 3 个移动噪声监测站

续表

序号	国别	机场名称	机场译名	噪声排放限值	噪声附加费	噪声监测系统
265	葡萄牙	Francisco Sá Carneiro-Porto	弗朗西斯科・萨卡内罗-波尔图	有关飞机的噪声水平，符合国际民航组织的规定： 级别 0：＜87 EPNdB； 级别 0.5：87～89.9 EPNdB 级别 1：90～92.9 EPNdB 级别 2：93～95.9 EPNdB 级别 4：96～98.9 EPNdB 级别 8：99～101.9 EPNdB 级别 16：＞101.9 EPNdB （a）16 级飞机，不能安排在 00:00～06:00 LMT； （b）4 级和 8 级飞机，不能安排在 02:00～05:00 LMT； （c）0、0.5、1 和 2 级飞机无适用	无	机场运行 1 个噪声监测系统
266	葡萄牙	Lisbon International	里斯本国际	葡萄牙法律规定了以下声级值（Lnight 用于评估睡眠干扰，Lden 用于评估烦恼）： ——敏感区域（住宅区、医院、学校等占用土地）：Lnight-45 dB（A）；Lden-55 dB（A） ——机场附近的敏感区域（住宅区、医院、学校等占用土地）：Lnight-55 dB（A）；Lden-65 dB（A） ——混合区域（工业、商业和服务领域的土地占用）：Lnight-55 dB（A）；Lden-65 dB（A） 如果地方当局未对敏感区域进行分类，则适用：Lnight-53 dB（A）；Lden-63 dB（A）	无	为了满足葡萄牙法律的要求，里斯本机场自 2002 年 5 月起安装了噪声监测系统。该系统收集监测站捕获的噪声相关数据，将其与飞行和路线信息进行交叉，并允许检测违反降噪程序的情况。 该系统包括统计和声学计算软件，用于根据用户的要求对噪声或飞行轨迹信息进行分析。 该系统接收来自机场周围关键点的 7 个远程站和 1 个额外的移动噪声监测站的噪声数据。 该系统生成的报告包含噪声和飞机运动数据的表格和图形摘要。这些报告包括飞机运动统计数据，如各类飞机的跑道使用情况和运动概况

续表

<table>
<tr><th>序号</th><th>国别</th><th>机场名称</th><th>机场译名</th><th>噪声排放限值</th><th>噪声附加费</th><th>噪声监测系统</th></tr>
<tr><td>267</td><td>葡萄牙</td><td>Madeira Airport</td><td>马德拉机场</td><td>葡萄牙法律规定了以下等效连续声级（Leq）值：
敏感区域白天 55 dB（A），夜晚 45 dB（A）
混合区域白天　65 dB（A），夜晚　55 dB（A）</td><td>无</td><td>马德拉机场自 2002 年起安装了噪声监测系统。
该系统收集监测站捕获的与噪声相关的数据，将其与飞行和路线信息进行交叉，并允许检测违反噪声消减程序的情况。
噪声监测系统由安装在临界点的 3 个噪声监测单元和 1 个带有分析噪声和飞行轨迹信息软件的工作站组成</td></tr>
<tr><td>268</td><td>日本</td><td>Narita International</td><td>成田国际</td><td>无</td><td>注意：成田机场有两种不同的噪声附加费。一种用于国际航班，另一种用于国内航班。国际航班噪声附加费于 2005 年 10 月 1 日生效。<table><tr><th>飞机类别*</th><th>国际着陆费</th></tr><tr><td>噪声等级指数 A</td><td>1 650 日元/t</td></tr><tr><td>噪声等级指数 B</td><td>1 750 日元/t</td></tr><tr><td>噪声等级指数 C</td><td>1 850 日元/t</td></tr><tr><td>噪声等级指数 D</td><td>1 950 日元/t</td></tr><tr><td>噪声等级指数 E</td><td>2 050 日元/t</td></tr><tr><td>噪声等级指数 F</td><td>2 100 日元/t</td></tr><tr><td>最低收费</td><td>50 000 日元</td></tr><tr><td colspan="2">（*）根据 NAA 噪声指数分类</td></tr></table>示例：B777-200（MTOW：276 t-A 类等级）
[当前应付总着陆费] 455 400 日元/架
[减少的应付总着陆费] 420 900 日元/架（-34 日元，500/架）
详细内容参见网址：
https://www.boeing.com/resources/boeingdotcom/commercial/noise/narita.html</td><td>全年监测：NAA 在机场及其周围安装了 33 个无人值守的飞机噪声监测站，每年 365 天监测和报告飞机噪声。当地政府还增设了 70 个无人值守监测站。
短期监测：在机场周围噪声影响区的 56 个地点，在冬季和夏季连续进行为期一周的短期监测。这些噪声影响区是根据国家《噪声防治法》的规定确定的。
在需要更严格监控的地方，会进行额外的监控</td></tr>
</table>

续表

序号	国别	机场名称	机场译名	噪声排放限值	噪声附加费	噪声监测系统
269	日本	New Chitose Intl.	新千岁国际机场	无	噪声附加费： 由 JCAB 5/2011 更新 喷气式飞机的着陆费为每次着陆的基本着陆费和噪声附加费之和。 基本着陆费： 高达 25 t：950 日元/t 26～100 t：1 380 日元/t 101～200 t：1 650 日元/t 超过 201 t：1 800 日元/t 噪声附加费： 基础：噪声水平。 注：噪声级是指根据《国际民用航空公约》附件 16 在起飞噪声测量和进近噪声测量点确定的航空器噪声级。未按附件 16 确定的航空器噪声级是指与附件 16 相对应的噪声级，由该航空器制造国政府当局正式公布”。 噪声附加费计算如下： 计算的金额加上天桥和进近的值，除以 2，减去 83（小于 1 EPNdB 的单位计算为 1），然后将该值乘以 3 400 日元。 计算这部分噪声电荷的步骤： 1. 为飞越和接近添加 EPNdB 值； 2. 除以 2； 3. 减去 83； 4. 向上舍入到下一个整数（例如，7.2 四舍五入为 8）； 5. 乘以 3 400	无
270	日本	Niigata Airport	新泻机场	无	无	无

续表

序号	国别	机场名称	机场译名	噪声排放限值	噪声附加费	噪声监测系统
271	日本	Osaka International	大阪国际	除紧急情况外，不得允许产生超过以下所示最大允许水平的噪声的飞机运行。然而，无论何时从跑道 32L/R 起飞，A300 型飞机的噪声水平均不得超过 97 dB（A） 2200UTC-1100UTC 最大限度允许的噪声水平* 107 dB（A）； 1101UTC-1200UTC 最大限度允许的噪声水平*起飞 100 dB（A），着陆 107 dB（A）。 注： a）要求所有航空器运营人员提前向机场当局提交其“操作手册”，并在其中详细说明针对每个时间段和航空器类型指定的以下项目。 i）为每条要使用的跑道、温度和逆风分量计算的最大起飞重量。 ii）襟翼角。 iii）爬升速度。 b）上述中的噪声级数值为安装在 315 度磁道（钏路小学）跑道 14R 入口处 2 400 m（1.3 mile）处的噪声监测设备测量值	联合委员会 2011 年 5 月更新 喷气式飞机的着陆费应为每次着陆的基本着陆费和噪声附加费的总和。 基本着陆费： 最高 25 t：950 日元/t； 26～100 t：1 380 日元/t； 101～200 t：1 650 日元/t； 超过 201 t：1 800 日元/t 噪声附加费： 依据：噪声级 注：噪声级是指根据《国际民用航空公约》附件 16 在起飞噪声测量点和进近噪声测量点测定的飞机噪声级。未经附件 16 确定的飞机噪声级是指由上述飞机制造国政府当局正式公布的与附件 16 中的噪声级相对应的噪声级”。 噪声附加费计算如下： 将飞越和进场的数值相加，除以 2，减去 83（小于 1 个 EPNdB 的单位计算为 1），然后将该数值乘以 3 400 日元。 1. 增加立交桥和引道的 EPNdB 值； 2. 除以 2； 3. 减去 83； 4. 向上取整到下一个整数（例如，7.2 取整到 8）； 5. 乘以 3 400	安装了 11 个常设站

续表

序号	国别	机场名称	机场译名	噪声排放限值	噪声附加费	噪声监测系统
272	日本	Tokyo Intl.（Haneda）	东京国际机场（羽田）	无	联合委员会 2011 年 5 月更新 喷气式飞机的着陆费应为每次着陆的基本着陆费和噪声附加费的总和。 基本着陆费： 最高 25 t：950 日元/t 26～100 t：1 380 日元/t 101～200 t：1 650 日元/t 超过 201 t：1 800 日元/t 基础：噪声水平。 注：噪声水平是指根据《国际民用航空公约》附件 16 在起飞噪声测量和接近噪声测量点确定的飞机的噪声水平。没有附件 16 确定的飞机的噪声水平是指与附件 16 相对应的噪声水平，这些噪声水平由上述飞机制造国政府当局正式公布。” 噪声附加费计算如下： 计算的金额加上立交桥和接近的值，除以 2，减去 83（小于 1 EPNdB 的单位计算为 1），然后将该值乘以 3 400 日元。 计算这部分噪声附加费的步骤： 1. 添加立交桥和方法的 EPNdB 值； 2. 除以 2； 3. 减去 83； 4. 四舍五入到下一个整数（例如，7.2 四舍五入到 8）； 5. 乘以 3 400	安装了 14 个永久性噪声监测站
273	日本	Chubu Centair	中部	无	无	安装了 4 个永久站

续表

序号	国别	机场名称	机场译名	噪声排放限值	噪声附加费	噪声监测系统
274	日本	Fukuoka	福冈	无	噪声附加费： 联合委员会 2011 年 5 月更新 喷气式飞机的着陆费应为每次着陆的基本着陆费和噪声附加费的总和。 基本着陆费： 最高 25 t：950 日元/t； 26～100 t：1 380 日元/t； 101～200 t：1 650 日元/t； 超过 201 t：1 800 日元/t； 噪声附加费： 依据：噪声级 注：噪声级是指根据《国际民用航空公约》附件 16 在起飞噪声测量点和进近噪声测量点测定的飞机噪声级。未经附件 16 确定的飞机噪声级是指由上述飞机制造国政府当局正式公布的与附件 16 中的噪声级相对应的噪声级”。 噪声附加费计算如下： 将飞越和进场的数值相加，除以 2，减去 83（小于 1 个 EPNdB 的单位计算为 1），然后将该数值乘以 3 400 日元。 1. 增加立交桥和引道的 EPNdB 值； 2. 除以 2； 3. 减去 83； 4. 向上取整到下一个整数（例如，7.2 取整到 8）； 5. 乘以 3 400	安装了 2 个永久站

续表

序号	国别	机场名称	机场译名	噪声排放限值	噪声附加费	噪声监测系统
275	瑞典	Bromma	布罗玛	2. 机场限制 2.1　噪声排放不得超过 89 EPNdB，这是国际民航组织附件 16 第一卷第 3 章规定的三个测量点的平均值。机场经理发布的关于定期航空运输的特别规定。 2.1.1　为了在上述限制范围内运营，想要申请降低噪声排放的特殊程序的运营商必须以书面形式或在特殊情况下通过电话向机场经理寻求许可。请求应包括飞机和发动机的类型和型号、最大起飞重量的相关信息及建议程序的准确描述。这件事只能在办公时间处理。 注 1：Bromma 机场使用的详细规定公布在《民航条例》BCL A 5 中。 -用于定期服务的飞机， -根据国际民航组织附件 16 第一卷第 2 部分第 3 章，三个测量点的平均噪声排放不超过 86 EPNdB， -或者能够根据国际民航组织附件 16 第一卷第 2 部分第 3 章的规定，在机场对三个测量点进行不超过 86 EPNdB 的操作。 -然而，根据国际民航组织附件 16 第一卷第 2 部分第 3 章的规定，允许座位容量超过 60 个座位、噪声排放量超过 86 而非 89 EPNdB 的亚音速喷气式飞机在三个测量点的平均值下进行 20 000 次年度飞行。星期六和星期日的此类行动次数不得超过 2001 年期间的此类行动数量	现行关税规定 AIC 瑞典 2010 年 3 月 11 日	2001—2009 年每年都进行噪声排放水平的现场测试测量。计划于 2010 年投资与飞行轨迹监测系统 ANOMS 相关的 B&K 设备
276	瑞典	Goteborg City Airport	哥德堡市机场	https://www.boeing.com/resources/boeingdotcom/commercial/noise/save.html#nl	无	无

续表

序号	国别	机场名称	机场译名	噪声排放限值	噪声附加费	噪声监测系统
277	瑞典	Landvetter	兰德维特	无	现行关税规定 AIC 瑞典 2010 年 3 月 11 日	待实施
278	瑞典	Luleå-Kallax	吕勒奥-卡拉克斯	无	当前关税规定 AIC 瑞典 6/2009 26 FEB	无
279	瑞典	Malmo Airport	马尔默机场	无	现行关税规定 AIC 瑞典 2010 年 3 月 11 日	Anoms 系统、Lochads 机场噪声和运营管理
280	瑞典	Norrkoping	诺尔雪平	在夜间 22:00～次日 07:00（21:00～次日 06:00），按照附件 16 第 I 部分第 II 部分第 3 章和第 5 章测量的噪声排放适用于喷气式飞机和螺旋桨驱动的飞机，具体如下： 离场： 飞越测量点的发射分别不得超过边线测量点的 89 EPNdB 和 94 EPNdB。 到达： 进近测量点的发射不得超过 98 EPNdB	无	自 2000 年 1 月 1 日起使用噪声监测系统
281	瑞典	Stockholm-Arlanda	斯德哥尔摩-阿兰达	附近医院外 70 dB(A)，周围城镇 70 dB(A)。对周围城镇年度等效噪声的限制。飞行轨道信息系统在运行中	现行关税条例 AIC 瑞典 2010 年 3 月 11 日	有
282	瑞典	Sundsvall-Härnösand	松兹瓦尔-哈诺桑	对于 MTOW 超过 7 000 kg 的螺旋桨驱动飞机和喷气式飞机，适用以下内容： 只有在风力条件或其他飞行安全原因需要时，才允许在 34 号跑道上起飞。如果三个噪声认证级别的平均值低于 92.1 EPNdB，则在向机场申请根据国际民航组织附件 16 第 3 章或 FAR 第 36 部分认证的飞机后，可以在 05:00～次日 21:00（04:00～20:00）之间授予一般例外	现行关税条例 AIC 瑞典 2010 年 3 月 11 日	无
283	瑞典	Umea Airport	于默奥机场	无	现行关税条例 AIC 瑞典 2010 年 3 月 11 日	无
284	瑞典	Visby Airport	维斯比机场	无	现行关税条例 AIC 瑞典 2010 年 3 月 11 日	无

续表

序号	国别	机场名称	机场译名	噪声排放限值	噪声附加费	噪声监测系统
285	瑞典	Jonkoping	延雪平	无	现行关税条例 AIC 瑞典 2010 年 3 月 11 日	飞行轨迹监测系统 瑞典“ANOS”
286	瑞典	Kalmar Airport	卡尔马机场	当局对周围环境中的噪声暴露进行了限制：白天最大水平 80 dB（A），夜间，最大水平 70 dB（A）	现行关税条例 AIC 瑞典 2010 年 3 月 11 日	噪声监测系统与飞行轨迹雷达系统相连。
287	瑞典	Karlstad	卡尔斯塔德	无	现行关税条例 AIC 瑞典 2010 年 3 月 11 日	无
288	瑞典	Kiruna Airport	基律纳机场	无	现行关税条例 AIC 瑞典 2010 年 3 月 11 日	无
289	瑞士	Basel-Mulhouse Airport	巴塞尔米卢斯机场	无	2011 年巴塞尔米卢斯收费 巴塞尔综合声学组、排放等级和 ACI 飞机 噪声等级指数列表	机场运行 CIEMAS（计算机综合环境管理系统）。由 Lochard Environment Systems PTY LTD/AUS 提供，它处理实时噪声监测、投诉处理、实时航班跟踪监测、实时空气质量监测和水质分析。该系统于 1998 年 12 月完成。有 6 个固定和 4 个半移动 NMT 单元（FEM 和 MEM）。（FEM = 固定环境监测仪，MEM = 移动环境监测仪）。噪声测量站位于 15/33 和 08/26 跑道入口及附近
290	瑞士	Bern-Belp	伯尔尼-贝尔普	2000 年 6 月 6 日添加的信息 瑞士政府于 4 月 12 日同意对该国最大的机场实施新的噪声限制。瑞士联邦委员会的决定填补了现有立法的漏洞。1986 年 12 月，政府通过了《噪声消减条例》，为公路和铁路交通设定了噪声限值，但没有为飞机噪声设定噪声限值。新的限制将适用于苏黎世-克洛滕、日内瓦-包含、卢加诺和伯尔尼。新措施将住宅、小型企业和农场所在地区的平均噪声水平限制在最高 65 dB（A）。受影响机场附近工业区的日平均噪声为 70 dB（A）。	参考 AIP 瑞士 Gen 4.1 电流噪声附加费	根据来自机场的信息 3/09-自 2008 年 5 月以来，机场确实有一个持续的噪声监测系统

续表

序号	国别	机场名称	机场译名	噪声排放限值	噪声附加费	噪声监测系统
290	瑞士	Bern-Belp	伯尔尼-贝尔普	在 22:00～凌晨 12:00 和早上 5:00～次日 6:00，住宅区的最高平均噪声将降至 57 dB（A）。在这几个小时内，也将禁止使用特别吵闹的飞机飞行。苏黎世和日内瓦也将正式禁止 12:00～次日 5:00 的航班；卢加诺和伯尔尼将在 23:00～次日 6:00 禁止航班。通过与机场的特许协议，瑞士已经存在夜间飞行禁令，但没有通过任何立法。苏黎世和日内瓦也将正式禁止 12:00～次日 5:00 的航班；卢加诺和伯尔尼将在晚上 23:00～次日 6:00 禁止航班。通过与机场的特许协议，瑞士已经存在夜间飞行禁令，但没有通过任何立法	参考 AIP 瑞士 Gen 4.1 电流噪声附加费	根据来自机场的信息 3/09-自 2008 年 5 月以来，机场确实有一个持续的噪声监测系统
291	瑞士	Lugano Airport	卢加诺机场	将住宅、小型企业和农场所在地区的平均噪声水平限制在最高 65 dB（A）。受影响机场附近工业区的日平均噪声为 70 dB（A）。在 22:00～凌晨 12:00 和 5:00～次日 6:00，住宅区的最高平均噪声将降至 57 dB（A）。在这几个小时内，也将禁止使用噪声特别大的飞机飞行。苏黎世和日内瓦也将正式禁止凌晨 12:00～次日 5:00 的航班；卢加诺和伯尔尼将禁止晚上 11:00～次日 6:00 的航班。瑞士已经通过与机场签订的特许协议，但没有通过任何立法法案，实施了夜间航班禁令。 卢加诺机场用于常规服务的所有机型在获得运营权之前都将接受单独的噪声鉴定	参考 AIP 瑞士 Gen 4.1 电流噪声附加费	无
292	瑞士	Samedan Airport	萨梅丹机场	无	https://www.boeing.com/resources/boeingdotcom/commercial/noise/samedancharges2011.pdf	无

续表

序号	国别	机场名称	机场译名	噪声排放限值	噪声附加费	噪声监测系统
293	瑞士	Sion Airport	锡永机场	无	https://www.boeing.com/resources/boeingdotcom/commercial/noise/sioncharges2011.pdf	无
294	瑞士	Zurich Airport	苏黎世机场	无	https://www.boeing.com/resources/boeingdotcom/commercial/noise/SwitzerlandZurich06272011.pdf	监控系统记录起飞和着陆噪声水平。飞机类型、飞机号、航空公司和一天中的时间通过与塔式磁带的相关性获得。机场当局每月只为航空公司发布统计数据，包括过度噪声违规。从收到的数据来看，所有显示器的噪声限制违规行为很少，而且每年都在减少。 每台显示器都有噪声水平限制，有关更多信息，请参阅噪声水平限制
295	瑞士	Geneva-Cointrin	日内瓦-科因特林	自 2008 年 3 月 30 日起，禁止在夜间以等于或低于 5 dB（A）的幅度起飞和降落符合国际民航组织附件 16 第 I 卷第 2 部分第 3 章的噪声认证要求。 从 21:00～22:59（20:00～21:59）的出发只允许在以下情况下出发： a）噪声指数小于 98 EPNdB 的飞机用于超过 5 000 km（2 700 nmile）的目的地（仅限直飞航班）。 b）噪声指数低于 96 EPNdB 的飞机用于所有其他目的地。 注意：噪声指数是 EPNL 值，是第 3 章天桥和横向证书级别的算术平均值	https://www.boeing.com/resources/boeingdotcom/commercial/noise/bermBelpcharges2011-03-10.pdf	日内瓦机场运行着 1 个噪声自动监测系统，每天 24 小时运行。它由 13 个麦克风组成，安装在机场上或附近的噪声敏感区域，尤其是飞行路线上。它与 ATC 雷达系统相连，以确保监测到的噪声与特定飞机之间的适当相关性。该设备用于建立统计记录和证明违规行为
296	塞浦路斯	Pafos International	帕福斯国际	无	如果在 18:00～04:00 UTC 期间执行着陆，着陆费增加 20%	无
297	斯洛伐克	Bratislava M.R.Stefanik	布拉迪斯拉发 M.R.Stefanik	无	无	1994 年安装了 NORSONIC 噪声监测系统，每天 24 小时监测。该系统与 LPS（ATS）合作与雷达系统相连。 机场有 5 个噪声监测仪。机场 2/2010 提供了包含 AIP 斯洛伐克共和国 AS 2-LZIB-8-7 的站点坐标的监控位置地图

续表

序号	国别	机场名称	机场译名	噪声排放限值	噪声附加费	噪声监测系统
298	斯洛文尼亚	Ljubljana JP	卢布尔雅那 JP	无	无	机场安装了 Brüel&Kjaer 噪声监测系统（ENM 客户），在机场附近有 4 个测量点
299	苏格兰	Edinburgh	爱丁堡	任何使用机场的飞机，其运作方式须确保在有关的噪声监测终端机，其噪声读数不会在白天（本地时间 06:00～23:30）或晚上（本地时间 23:30～次日 06:00）造成超过 94 dB（A）1 max 或 87 dB（A）1 max 的噪声读数	噪声阈值为： 06:00～23:30，94 dB（A） 23:30～次日 06:00，87 dB（A） 超过噪声阈值的飞机的附加费： 增加 3 dB（A）之内，1 000 英镑；3 dB（A）以上，2 000 英镑	3 个飞机噪声监察站
300	中国台湾	Hualien Airport	花莲机场	无	（适用于所有台湾机场）在回答我们关于噪声附加费的问题时，以下公式中的 EPNdB 是用于起飞的。 新台币 $17.00 * MTOW（每 1 000 kg）+ 新台币$95.00*（EPNdB-73）	无
301	中国台湾	Kaohsiung International	高雄国际	无	（适用于所有台湾机场）在回答我们关于噪声附加费的问题时，以下公式中的 EPNdB 是用于起飞的。 （新台币 $17.00 * MTOW）+95 万新台币*（EPNdB-73） 注：新台币为新台币	目前，机场购买了一套噪声监测系统，包括 11 台永久性和 2 台便携式噪声监测仪，24 小时收集航空噪声监测数据，并每季度向地方政府提供整个监测报告。该系统还记录飞行轨迹、每日轮廓，并管理噪声投诉。位置图可参见网址：https://www.boeing.com/resources/boeingdotcom/commercial/noise/kaohsiung.html
302	泰国	Suvarnabhumi Internationali	素万那普国际	2006 年 11 月 11 日宣布，超过 103 dB(A) 的飞机将被禁止在机场运营。航空公司将被要求向机场出示噪声证书，显示其认证的噪声水平	无	无
303	突尼斯	Monastir-Habib Bourguiba	莫纳斯提尔-哈比卜•布尔吉巴	无	无	计划建 1 个噪声监测系统
304	突尼斯	Tunis Carthage Intl.	突尼斯迦太基国际机场	无	无	计划建 1 个噪声监测系统

续表

序号	国别	机场名称	机场译名	噪声排放限值	噪声附加费	噪声监测系统
305	土耳其	Ataturk International	阿塔图尔克国际	无	无	于 2009 年落户
306	乌克兰	Boryspil International	鲍里斯波尔国际	无	无	18 L/36 R 跑道改造项目中包括了噪声晨间系统。将其投入运行的所有条件和噪声监测程序将在维护和测试后获知
307	德国	Cologne-Bonn	科隆-波恩	监测仪限值 dB（A）的列表见网址：https://www.boeing.com/resources/boeingdotcom/commercial/noise/koln-bonn.html	列表见网址：https://www.boeing.com/resources/boeingdotcom/commercial/noise/koln-bonn.html	1997 年 7 月，德国伍尔塞伦 T.O.P.sonic 公司的一个系统取代了旧的 Rhode&Schwarz 设备。这是一个基于 PC 的系统，外部噪声监测仪通过 Windows NT 与机场的工作站相连。测量结果的公布没有改变。我们今天还介绍了额外的夜间参考等级
308	西班牙	Alicante	阿利坎特	无	根据阿利坎特、巴塞罗那、大加那利群岛、马德里/巴拉哈斯、马拉加、马略卡岛帕尔马、南特内里费岛和巴伦西亚机场的飞机噪声水平对民用亚音速喷气式飞机征收附加费，着陆费用的最终数量，将根据着陆或起飞的时间段和每架飞机的声学分类按以下百分比增加。详细可参见网址：https://www.boeing.com/resources/boeingdotcom/commercial/noise/alicante.html	无
309	西班牙	Barajas-Madrid Airport	巴拉哈斯-马德里机场	无	根据阿利坎特、巴塞罗那、大加那利群岛、马德里/巴拉哈斯、马拉加、马略卡岛帕尔马、南特内里费岛和巴伦西亚机场的飞机噪声水平对民用亚音速喷气式飞机征收附加费，着陆费用的最终数量，将根据着陆或起飞的时间段和每架飞机的声学分类按以下百分比增加。详细可参见网址：https://www.boeing.com/resources/boeingdotcom/commercial/noise/baragas.html	出发和到达路径将受到雷达监控，并测量每次操作的噪声水平。噪声传感器位置（SIRMA 系统）由机场提供。该测量系统每天 24 小时以自动形式工作，并随时发出雷达数据、飞行装置和飞机位置的蜂鸣声，以识别飞机。有 24 个噪声测量端子（NMT）。噪声监测仪坐标图可参见网址：https://www.boeing.com/resources/boeingdotcom/commercial/noise/baragas.html

续表

序号	国别	机场名称	机场译名	噪声排放限值	噪声附加费	噪声监测系统
310	西班牙	Barcelona	巴塞罗那	西班牙法规 RD1367-2007 规定了机场的噪声限制值。这仅适用于新的基础架构，但该机构将其用作指南。于 2010 年 1 月开始在 Aena-Web 上发布这些数据	2011 年 6 月国际航空运输协会机场、空中交通管制和燃油费用监测。 根据阿利坎特、巴塞罗那、大加那利群岛、马德里/巴拉哈斯、马拉加、马略卡岛帕尔马、南特内里费岛和巴伦西亚机场的飞机噪声水平对民用亚音速喷气式飞机征收附加费，着陆费用的最终数量，将根据着陆或起飞的时间段和每架飞机的声学分类按以下百分比增加。详细可参见网址：https://www.boeing.com/ resources/boeingdotcom/commercial/noise/barcelona.html	噪声监测仪、出发和到达路径由雷达监测，每天 24 小时记录每次操作的噪声水平。自 2010 年 7 月起，巴塞罗那机场有了一个新的公共工具（WebTrak），以跟踪飞机轨迹和噪声水平。噪声监测仪坐标图可参见网址：https://www.boeing.com/resources/boeingdotcom/commercial/noise/barcelona.html
311	西班牙	Malaga Airport	马拉加机场	第 1367/2007 号皇家法令，制定了关于声学分区、质量目标和声发射等方面的第 37/2003 号法律	根据阿利坎特、巴塞罗那、大加那利群岛、马德里/巴拉哈斯、马拉加、马略卡岛帕尔马、南特内里费岛和巴伦西亚机场的飞机噪声水平对民用亚音速喷气式飞机征收附加费，着陆费用的最终数量，将根据着陆或起飞的时间段和每架飞机的声学分类按以下百分比增加。详细可参见网址：https://www.boeing.com/resources/boeingdotcom/commercial/noise/malaga.html	有计划
312	西班牙	Palma de Mallorca	马略卡岛帕尔马	无	根据阿利坎特、巴塞罗那、大加那利群岛、马德里/巴拉哈斯、马拉加、马略卡岛帕尔马、南特内里费岛和巴伦西亚机场的飞机噪声水平对民用亚音速喷气式飞机征收附加费，着陆费用的最终数量，将根据着陆或起飞的时间段和每架飞机的声学分类按以下百分比增加。详细可参见网址：https://www.boeing.com/resources/boeingdotcom/commercial/noise/palmademallorca.html	机场有 9 个噪声监测仪。AIP Spain AD2.21 LEPA 中提供了显示每个监视器位置的地图。物理位置如下所示。出发和到达路径将受到雷达监控，并且将测量每次操作的噪声水平。该测量系统每天 24 小时自动工作，并随时处理雷达数据、飞行计划和飞机位置，以识别飞机。物理位置图可参见网址：https://www.boeing.com/resources/boeingdotcom/commercial/noise/palmademallorca.htm

续表

序号	国别	机场名称	机场译名	噪声排放限值	噪声附加费	噪声监测系统
313	西班牙	Tenerife Sur-Reina Sofia	特内里费苏雷纳索非亚	无	根据阿利坎特、巴塞罗那、大加那利群岛、马德里/巴拉哈斯、马拉加、马略卡岛帕尔马、南特内里费岛和巴伦西亚机场的飞机噪声水平对民用亚音速喷气式飞机征收附加费，着陆费用的最终数量，将根据着陆或起飞的时间段和每架飞机的声学分类按以下百分比增加。详细可参见网址：https://www.boeing.com/resources/boeing dotcom/commercial/noise/tenerifesur.html	无
314	西班牙	Valencia Airport	瓦伦西亚机场	无	根据阿利坎特、巴塞罗那、大加那利群岛、马德里/巴拉哈斯、马拉加、马略卡岛帕尔马、南特内里费岛和巴伦西亚机场的飞机噪声水平对民用亚音速喷气式飞机征收附加费，着陆费用的最终数量，将根据着陆或起飞的时间段和每架飞机的声学分类按以下百分比增加。详细可参见网址：https://www.boeing.com/resources/boeingdotcom/commercial/noise/valencia.html	有关显示噪声监视器位置的地图，请参阅 AIP Espana。 机场有一个集成的噪声监测和路径跟踪系统（SIRVAL），它会自动和永久地工作，收集已安装终端以监测噪声（TMR）区域的现有噪声水平，并使用地理信息系统映射和数字正交照片，使用地理信息系统映射和数字正交照片，在地图上显示飞机飞行地点。该地区控制的雷达数据覆盖机场周围 30 英里的半径。 SIRVAL TMR 有 10 台 TMR 监测仪，其中 9 台目前在以下城市安装和运行：巴伦西亚、马尼塞斯、西里维拉、夸特德波夫莱特、米斯拉塔、阿尔达亚和里巴罗哈德图里亚。第 10 个 TMR 编号是便携式显示器，将根据需求评估安装在不同位置。 SIRVAL 的意图是确保通过飞机建立真正的飞行路线和程序。 图表可参见网址：https://www.boeing.com/resources/boeingdotcom/commercial/noise/valencia.html

续表

序号	国别	机场名称	机场译名	噪声排放限值	噪声附加费	噪声监测系统
315	西班牙	Gran Canaria Airport	大加那利机场	无	2011年6月国际航空运输协会机场、空中交通管制和燃油费用监测。 根据阿利坎特、巴塞罗那、大加那利群岛、马德里/巴拉哈斯、马拉加、马略卡岛帕尔马、南特内里费岛和巴伦西亚机场的飞机噪声水平对民用亚音速喷气式飞机征收附加费，着陆费用的最终数量，将根据着陆或起飞的时间段和每架飞机的声学分类按以下百分比增加。详细可参见网址：https://www.boeing.com/resources/boeingdotcom/commercial/noise/gran_canaria.html	无
316	希腊	Athens International	雅典国际	无	无	机场的噪声监测系统由安装在机场周围的10个永久性噪声监测终端和一个安装在有运营需要的地方的移动装置组成
317	香港	Hong Kong International	香港国际	无	无	民航处会密切监察上述消减噪声程序的执行情况。飞机噪声和飞行轨迹监测系统，其噪声监测终端安装在着陆和起飞飞行路径下方或附近的不同位置，以帮助监测飞机噪声和噪声缓解措施的实施。 目前，共有16个噪声监察总站安装，分别位于沙螺湾、东涌、仁澳、汀九、大榄、青衣（2个）、葵涌、大围、中环半山、北角、怡和望、筲箕湾、西荃湾、青龙头及马湾
318	新加坡	Seletar	实里达	无	无	机场没有噪声监测系统，近期也没有安装噪声监测系统的计划

续表

<table>
<tr><th>序号</th><th>国别</th><th>机场名称</th><th>机场译名</th><th>噪声排放限值</th><th>噪声附加费</th><th>噪声监测系统</th></tr>
<tr><td>319</td><td>新喀里多尼亚</td><td>Noumea La Tontouta Intl</td><td>努美阿拉通图塔国际机场</td><td>无</td><td>为了计算着陆费（不包括乘客费等），请遵循三部分流程。首先计算着陆费，然后计算着陆费的调整，最后计算噪声税。
<table><tr><td colspan="2">着陆费</td></tr><tr><td colspan="2">国际国内</td></tr><tr><td>高达 25 t</td><td>每吨 XPF 173</td></tr><tr><td>26～75 t</td><td>每吨 XPF 346</td></tr><tr><td>76 t 及以上</td><td>每吨 XPF 415</td></tr></table>
着陆费调整：
自 1984 年起，着陆费根据飞机的声学组进行调整
<table><tr><td>第 1 组</td><td>1.2</td></tr><tr><td>第 2 组</td><td>1.1</td></tr><tr><td>第 3 组</td><td>1.05</td></tr><tr><td>第 4 组</td><td>1</td></tr><tr><td>第 5 组</td><td>0.9</td></tr></table>
点击此处查看飞机声学组 https://www.boeing.com/resources/boeingdotcom/commercial/noise/noumea.html</td><td>无</td></tr>
</table>

续表

序号	国别	机场名称	机场译名	噪声排放限值	噪声附加费	噪声监测系统
320	新西兰	Auckland International	奥克兰国际	在 365 天滚动平均值上，高飞机噪声区以外的飞机噪声不得超过 Ldn 65 dB（A）。在 365 天的滚动平均值上，中等飞机噪声区以外的飞机噪声不得超过 Ldn 60 dB(A)	无	带 3 个固定站和 1 个便携式站的 ANOMS 监测仪 | 纬度 | 经度 1 | –36.986 818 | 174.867 345 2 | –36.984 495 | 174.885 935 3 | –37.002 079 | 174.833 951
321	新西兰	Christchurch International	基督城国际	新西兰的机场必须指定两个噪声边界，一个包含 65 dB（A）LDN 级别的内边界和一个包含 55 dB（A）LDN 的外边界	无	每年对飞机噪声进行监测，以符合地方当局的要求
322	新西兰	Wellington International	惠灵顿国际	单个飞机的移动没有限制-请参阅上面的噪声预算：规则 1. 应对飞机运行进行管理，以确保 90 天平均 24 h 夜间加权噪声暴露量不超过地区平面图 39 所示的空气噪声边界外 65 dB（A）的昼夜水平（Ldn）。飞机噪声将根据 NZS 6805：1992 进行测量，并按 90 的滚动平均值计算。所有术语应具有 NZS 6805 中可能使用或定义的含义。与 Ldn 65 dB（A）相比，飞机运行产生的噪声水平是根据 90 天内每次飞机事件（着陆或起飞）产生的噪声能量总量计算得出的。这种控制方法并不直接控制个别飞机事件，而是通过考虑它们对 24 小时内产生的噪声量的贡献来间接控制。规则 2、规则 1 中的滚动 90 天平均值计算不包括以下飞机操作：	无	带有噪声监视器位置的地图：https://www.boeing.com/resources/boeingdotcom/commercial/noise/wellingtonnoisemonitors.pdf 3 个噪声监视器位于 Airnoise 边界上。噪声数据由 Brüel & Kjær EMS 每天下载。然后将雷达数据与 Brüel & Kjær EMS 的噪声数据匹配。月度报告由 Brüel & Kjær EMS 到惠灵顿国际机场提供

续表

序号	国别	机场名称	机场译名	噪声排放限值	噪声附加费	噪声监测系统
322	新西兰	Wellington International	惠灵顿国际	——飞机紧急降落； ——在医疗紧急情况下，为将人员从危及生命的情况中救出或运送患者、人体重要器官或医务人员而需要的紧急飞行的操作。 ——为满足根据 1983 年《民防法》宣布的国家民防紧急状态的需要而进行的计划外飞行。 ——应按照以下规则 3 管理的军用飞机移动 规则 3.下列条件适用于新西兰国防军军用飞机 （a）新西兰军用运输机的运营管理应确保以下 90 天 24 小时夜间加权噪声暴露不超过地区平面图 39 所示空气噪声边界外 55 dB（A）的昼夜水平（Ldn）。 飞机噪声将根据 NZS 6805：1992 进行测量，并按 90 天滚动平均值计算。 所有术语应具有 NZS6805 上下文中可能使用或定义的含义。与 Ldn 55 dB（A）相比，飞机运行产生的噪声水平是根据 90 天的总量计算得出的。这种控制方法并不直接控制个别飞机事件，而是通过考虑它们对 24 小时内产生的噪声量的贡献来间接控制。 （b）新西兰军用作战飞机的移动量应限制在每年 80 架次以内	无	带有噪声监视器位置的地图：https://www.boeing.com/resources/boeingdotcom/commercial/noise/wellingtonnoisemonitors.pdf 3 个噪声监视器位于 Airnoise 边界上。噪声数据由 Brüel & Kjær EMS 每天下载。然后将雷达数据与 Brüel & Kjær EMS 的噪声数据匹配。月度报告由 Brüel & Kjær EMS 到惠灵顿国际机场提供

续表

序号	国别	机场名称	机场译名	噪声排放限值	噪声附加费	噪声监测系统
323	匈牙利	Budapest	布达佩斯	无	布达佩斯李斯特费伦茨国际机场的噪声费根据《航空运输法》第 66/A（6）条，布达佩斯机场有限公司可向运营产生噪声的飞机收取噪声防护费用，作为机场使用费的一部分，以提供履行《航空运输法》和 176/97 号政府标识规则法令规定的职责所需的资金，在机场附近设立的噪声防护区的使用和终止。 噪声费用率的确定（Z） 应根据以下公式计算噪声费用（Z）： Z＝A*K*N*M。 关于 A、K、N、M 的具体涵义可查阅如下网址：https://www.boeing.com/resources/boeingdotcom/commercial/noise/ferihegy.html	布达佩斯机场运营着一套复杂的 Brüel & Kjær 7802/7804 型噪声监测和跟踪系统。 7802 型噪声监测系统由机场周围的 6 个永久性噪声监测终端（NMT）和一个可根据要求放置在机场附近各处的便携式 NMT 组成。终端持续检测、分析记录并存储飞机和背景噪声。每天数次，测量数据通过 GSM 连接转发到位于机场的中央数据存储计算机。该数据库用于准备有关单个噪声事件和飞机产生的面值噪声负担的每小时、每日和每月报告。 使用 7804 型航迹保持系统的一部分，可以使用中央计算机上的 ATC 以实时模式接收的真实雷达数据在地图上绘制各个飞机的飞行路径。如果对单个航班或集体的数据进行检查，则可以确定飞机是否违反了飞行程序
324	意大利	Brindisi-Casale	布林迪西-卡萨莱	无	无	4 个记录设备
325	以色列	Ben Gurion International	本古里安国际	参见噪声监测系统下的信息。噪声水平限制于 2010 年 1 月 1 日生效。需要注意的是，噪声水平限制有两个表格，一个用于最大起飞重量低于 300 000 kg 的飞机，另一个用于最大起飞重量 300 000 kg 及以上的飞机	无	2010 年 1 月 1 日，监测点的新噪声水平限值开始生效。以下 NMT 作为噪声监测系统的一部分运行：表格可参见 https://www.boeing.com/resources/boeingdotcom/commercial/noise/bengurion.html
326	以色列	Tel Aviv Dov Hoz City	特拉维夫多夫霍兹市	根据以色列噪声法	无	无
327	意大利	Alghero Fertilia Airport	阿尔盖罗费尔蒂利亚机场	限值将由当地委员会根据噪声兼容性计划章节中的说明确定	无	今年将安装监控系统
328	意大利	Bari-Palese	巴里-帕莱塞	无	无	6 台录音设备

续表

序号	国别	机场名称	机场译名	噪声排放限值	噪声附加费	噪声监测系统
329	意大利	Bologna G Marconi Airport	博洛尼亚 G 马可尼机场	指数 L_{va}（与 L_{dn} 相似，但考虑夜间时段为 23:00～次日 06:00 LT） 居住区 L_{va}<65 dB（A） 工业区 65 dB（A）>L_{va}<75 dB（A） 国家/机场地区 L_{va}>75 dB（A）	无	噪声和飞行轨迹监测系统于 2001 年 5 月完成安装。经过 6 个月的微调后，该系统现在与 9 个固定 +1 个可重新定位的 NMT 和雷达跟踪链接一起工作
330	意大利	Fiumicino	菲乌米奇诺	无	无	ADR 自 1995 年起安装了一个带有雷达跟踪链路的噪声跟踪监测系统。最近进行了更新，现在与 9 个固定的远程站一起工作，这些远程站链接到一个主站 +1 个移动监测站。该系统与 2 个气象站集成在一起
331	意大利	Linate Airport	利纳特机场	指数 L_{va}（从 23:00～次日 06:00 考虑夜间时段） A 区 –L_{va}<65 dB（A）：住宅区 B 区 –65 dB（A）<L_{va}<75 dB（A）：工业区 C 区 –L_{va}>75 dB（A）：国家/机场地区	无	自 1994 年以来，已有 6 个固定监测终端在机场周围地区运行，这些终端与一个主站相连。自 01 年 01 月 1 日起，噪声监测系统由 SEA 协调
332	意大利	Malpensa Airport	马尔彭萨机场	指数 L_{va}（从 23:00～次日 06:00 考虑夜间时段） A 区 –L_{va}<65 dB（A）：住宅区 B 区 –65 dB（A）<L_{va}<75 dB（A）：工业区 C 区 –L_{va}>75 dB（A）：国家/机场地区	无	关于噪声监测系统，有 18 个固定的远程站，与一个主站相连
333	意大利	Pisa Galileo Galilei Airport	比萨 • 伽利略 • 伽利莱机场	无	无	有显示噪声监测系统位置的地图。4 个点位于主跑道的北部、东部和西部（o4R 起飞），最后一个点位于南部（22L 起飞）
334	意大利	Torino Caselle Airport	都灵卡塞勒机场	正在开发中	无	8 个噪声测量站已经到位，有一个专用气象站和相关硬件/软件

续表

序号	国别	机场名称	机场译名	噪声排放限值	噪声附加费	噪声监测系统
335	意大利	Venice Marco Polo	威尼斯马可波罗	有	无	无
336	英国	Belfast City Airport	贝尔法斯特城市机场	63 Leq 等高线可能会触发对边界内的住宅进行绝缘的要求	无	机场已投资约 150 000 英镑购买和安装飞机噪声和航迹监测系统
337	英国	Biggin Hill Airport	比金山机场	该机场仅适用于具有可接受的噪声认证并且可以在低于以下上限的噪声水平下运行的飞机： Sideline　94 EPNdB Take-Off　89 EPNdB Approach　98 EPNdB	无	无
338	英国	Birmingham International	伯明翰国际	夜间飞行政策规定噪声限制为87 dB（A）。在白天06:01～次日23:29，适用92 dB（A）的噪声限制	夜间： 在 23:30～次日 06:00，当到达或离开的飞机在距横滚开始 6.5 km 处的中心线噪声监测仪上超过 87 dB（A）的噪声水平时，就会发生噪声违规。该费用相当于跑道费用。 日间： 在 06:01～23:29，当一架离场飞机在距横滚开始 6.5 km 处的中心线噪声监测仪上超过 92 dB（A）的噪声级时，发生噪声违规。噪声违规附加费：超过 92 dB（A）每满分贝 500.00 英镑加 150.00 英镑。 这些附加费支付给社区信托基金，这是一家注册慈善机构，支持受机场运营影响地区的社区项目	伯明翰机场运行机场噪声和运行监测系统（ANOMS 8），该系统监测机场半径 20 km 和最高 9 000 ft 高度内的飞机。中心线噪声监测仪位于距离飞机起跑点 6.5 公里处；这个距离是用于飞机起飞和着陆噪声分类的标准之一。ANOMS 8 还存储与投诉相关的数据，然后使用该系统对其进行调查
339	英国	Blackpool Airport	布莱克浦机场	无	无	无永久安装—当地环境控制办公室进行临时测量

续表

<table>
<tr><th>序号</th><th>国别</th><th>机场名称</th><th>机场译名</th><th>噪声排放限值</th><th>噪声附加费</th><th>噪声监测系统</th></tr>
<tr><td>340</td><td>英国</td><td>Bournemouth Intl.Airport</td><td>伯恩茅斯国际机场飞机场</td><td>无</td><td>无</td><td>Cirrus 便携式噪声监测设备</td></tr>
<tr><td>341</td><td>英国</td><td>Bristol International</td><td>布里斯托尔国际</td><td>参阅机场宵禁信息。布里斯托尔机场实行夜间噪声配额制度，该制度的应用基于英国 AIP 的 CAA 补充，与伦敦希思罗机场、伦敦盖特威克机场和伦敦斯坦斯特德机场的机场噪声限制通知有关。各机型起飞和降落的配额计数值见该补编附件：
1. 夜间配额计数适用于 23:30～次日 06:00（当地）；
2. 总的季节配额为 1 260 分（夏季）和 900 分（冬季）；
3. 配额计数为 4 或以上的飞机通常不得在 23:00～次日 06:00（当地）期间起飞或降落。
<table><tr><th>认证噪声级/dB</th><th>配额计数</th></tr><tr><td>小于 90</td><td>0.5</td></tr><tr><td>90～92.9</td><td>1</td></tr><tr><td>93～95.9</td><td>2</td></tr><tr><td>96～98.9</td><td>4</td></tr><tr><td>99～101.9</td><td>8</td></tr><tr><td>大于 101.9</td><td>16</td></tr></table></td><td>布里斯托尔国际，4/2011 国际航空运输协会机场、空中交通管制和燃油费用监测。
着陆费：
超过 3 t，13.70 英镑/t 或部分
非工作时间运营（22:00—次日 07:00）75%的附加费
噪声费用：
第 3 章　高额*　着陆费加收 50%
非第 3 章飞机　着陆费加收 200%
*被视为第 3 章高的飞机适用于噪声性能在第 3 章认证限值-5 EPNdB 范围内的飞机</td><td>安装了 2 个噪声监测仪（东-西）以提供噪声数据</td></tr>
</table>

续表

<table>
<tr><th>序号</th><th>国别</th><th>机场名称</th><th>机场译名</th><th>噪声排放限值</th><th>噪声附加费</th><th>噪声监测系统</th></tr>
<tr><td>342</td><td>英国</td><td>Coventry Airport</td><td>考文垂机场</td><td>在 23:30L～次日 06:00L，不允许配额计数为 4 及以上的飞机起飞和降落。认证噪声水平（EPNL）用于确定 QC 类别。认证噪声级（EPNdB）与配额计数对应关系为：<table><tr><th>认证噪声级/dB</th><th>配额计数</th></tr><tr><td>大于 101.9</td><td>16</td></tr><tr><td>99～101.9</td><td>8</td></tr><tr><td>96～98.9</td><td>4</td></tr><tr><td>93～95.9</td><td>2</td></tr><tr><td>90～92.9</td><td>1</td></tr><tr><td>87～89.9</td><td>0.5</td></tr><tr><td>84～86.9</td><td>0.25</td></tr></table></td><td>无</td><td>目前安装 2 台固定显示器</td></tr>
<tr><td>343</td><td>英国</td><td>Farnborough Airport</td><td>范堡罗机场</td><td>无</td><td>无</td><td>Installed.Noise monitoring and track recording system.
FLIGHT TRACK MONITORING SYSTEM
Yes
已安装噪声监测和轨道记录系统和飞行轨道监测系统</td></tr>
<tr><td>344</td><td>英国</td><td>Leeds-Bradford Intl.</td><td>利兹-布拉德福德国际机场</td><td>白天是指 07:00～23:00（当地）
夜间是指 23:00～次日 07:00（当地）
所有飞机（不包括超音速及军用喷气式飞机）的操作方式，须确保在有关监测点不会产生噪声水平：
1. 从 32 号跑道起飞后，白天不得超过 85 dB（A）或夜间不得超过 77 dB（A）；
2. 从 14 号跑道起飞后，白天不得超过 92 dB（A）或夜间不得超过 84 dB（A）
3. 在接近 32 号跑道时，白天不得超过 85 dB（A）或夜间不得超过 79 dB（A）</td><td>着陆费：超过 3 t，每吨 13.18 英镑，噪声费为着陆费的 10%</td><td>机场安装了 Lochard 噪声和航迹监测系统（NTMS），该系统持续记录来自 4 个永久性噪声监测仪的航迹保持性能和飞机噪声。
32 号跑道起飞（在提供的地图上监控 M1/M2）。监控距离开始滚动 7.1 km 和 1 950 m 跨越飞行路径中心线的距离。
14 号跑道起飞（在提供的地图上监控 H1/H2）。监控距离开始滚动 5.4 km，相距 950 m，横跨飞行路径的中心线</td></tr>
</table>

续表

序号	国别	机场名称	机场译名	噪声排放限值	噪声附加费	噪声监测系统
345	英国	Liverpool John Lennon	利物浦约翰列侬	无	无	噪声监测和跟踪系统于2002年安装；该系统由2个固定的噪声监测终端（NMT）和1个在不同位置短时间使用的移动终端（NMT）组成。NMT连接到一个中央服务器，该服务器将固定NMT处的噪声事件与从二级监视雷达接收到的飞机轨迹进行核对
346	英国	London City Airport	伦敦城市机场	伦敦城市机场 除非飞机属于以下类别之一，否则不得使用机场： 类别 噪声参考水平（PNdB） 噪声系数 A. 91.6～94.5 1.26 B. 89.6～91.5 0.63 C. 85.6～88.5 0.31 D. 82.6～85.5 0.16 E. 小于82.6 0.08 新进入机场的飞机在机场进行监控试飞后被分配为临时类别。这必须得到当地规划部门的批准。对机场的所有航班进行监测，并根据噪声监测仪的数据每年（3月至5月）对每种机型的类别进行审查。根据审查结果，分配给飞机的类别可能会发生变化。飞机类别与噪声系数有关，噪声系数用于根据允许的数量计算飞行次数，即噪声较大的飞机算作一次以上的移动，而噪声较小的飞机算作少于一次。 飞机还必须能够在5点进近	无	自1990年开始实施的噪声管理计划依赖于位于机场东部和西部边界外较短距离的固定监测仪。在新的噪声管理方案中，它们将被使用： *制定使用机场的新飞机的临时噪声类别。 *用于飞机噪声类别的年度审查。 *每年产生57 LAeq16小时的噪声等值线。 据规划，当地规划机构应该有一个连接到该系统的终端

续表

序号	国别	机场名称	机场译名	噪声排放限值	噪声附加费	噪声监测系统
347	英国	Luton	卢顿	对于起飞前超过噪声限制的任何着陆，将征收着陆和导航综合服务费 300%～600%的附加费。日间航班 周一到周六当地时间 06:00～22:59 周日 07:00～22:59，噪声>94 dB（A），400%附加费； 夜间航班 周一到周六 23:00～次日 05:59 周日 23:00～次日 06:59，噪声 82～85 dB（A），300%附加费；噪声 86～89 dB（A），500%附加费；噪声>89 dB（A），600%附加费	Charges and Conditions of Use 2011/12 噪声水平限制附加费 对于起飞前超过噪声限制的任何着陆，将征收着陆和导航综合服务费 300%～600%的附加费，如下所述。 日间航班周一到周六当地时间 06:00～22:59 周日 07:00～22:59，噪声>94 dB（A），400%附加费； 夜间航班 周一到周六 23:00～次日 05:59 周日 23:00～次日 06:59，噪声 82～85 dB（A），300%附加费；噪声 86～89 dB（A），500%附加费；噪声>89 dB（A），600%附加费	飞机噪声和轨道监测系统：Topsonic GmbH（www.Topsonic.de） 噪声监测终端的位置： 3 个监控终端，位于距离滚动开始 6.5 km 处。2 个航站楼位于跑道西面，1 个位于跑道东面。 有关更多信息，请参阅以下链接中的年度监测报告： http: //www.london-luton.co.uk/en/content/8/162/annual-monitoring-report.html
348	英国	Manchester	曼彻斯特	每架使用机场的飞机在起飞或“复飞”后，应以尽可能安静的方式运行，飞机白天（07:00～23:00 当地）超过 90 dB（A）（103 PNdB）时间）和 83 dB（A）（96 PNdB）在相关监测点（当地时间 23:00～次日 07:00）将受到白天 750 英镑和夜间 750 英镑的罚款，此后每分贝外加额外的 150 英镑	收费表和使用条款和条件 2011 年 4 月 1 日—2012 年 3 月 31 日	曼彻斯特机场噪声和航迹信息系统（MANTIS） 使用曼彻斯特机场噪声和航迹信息系统（MANTIS） 监控与曼彻斯特机场相关的航空运输活动。曼彻斯特机场噪声和航迹信息系统基于 Lochard 的全球环境管理系统（GEMS）。MANTIS 从战略性地位于机场周围的噪声监测仪收集噪声数据，从二级监视雷达接收飞行轨迹信息，从（曼彻斯特）机场管理运营支持系统（AMOSS）接收飞行计划信息。诸如投诉、天气和准确时间信息等附加输入完善了系统。追踪计划和时间及一些噪声数据与定期“拨号”时间提供的其他噪声数据实时收集。数据自动关联，使用户能够在发生后的几分钟内检查噪声事件的详细信息及该噪声事件的来源

续表

序号	国别	机场名称	机场译名	噪声排放限值	噪声附加费	噪声监测系统
348	英国	Manchester	曼彻斯特	每架使用机场的飞机在起飞或“复飞”后，应以尽可能安静的方式运行，飞机白天(07:00～23:00 当地)超过 90 dB(A)(103 PNdB) 时间) 和 83 dB (A) (96 PNdB)在相关监测点(当地时间 23:00～次日 07:00)将受到白天 750 英镑和夜间 750 英镑的罚款，此后每分贝外加额外的 150 英镑	收费表和使用条款和条件 2011 年 4 月 1 日—2012 年 3 月 31 日	MANTIS 是一个复杂的噪声和航迹监测系统，结合了雷达、噪声和空中交通管制数据，为用户提供各种信息。该系统检查并记录机场 30 km 范围内的每架飞机，最高可达 12 000 ft，并监控飞机噪声及每天 24 小时的航线飞行地点。MANTIS 会自动记录违反噪声限制的情况，并在达到适当的释放高度之前识别偏离首选噪声路线（PNR）的飞机。 噪声监测终端（NMT） 以下噪声监测终端用于侵权/返利目的。到适当的 NMT 的距离是从给出最大 TORA 的起飞位置的海里数
349	英国	Newcastle Airport	纽卡斯尔机场	无	无	噪声和轨道监测系统于 1999 年 4 月全面安装。该系统将包括位于机场周围社区的 4 个永久性噪声监测终端（NMT）和 1 个用于特定区域的移动式噪声监测终端。NMT 将连接到机场的中央计算机，该计算机接收来自辅助雷达的数据。该系统将使机场公司能够准确评估其运营对当地社区的影响。机场公司目前正在审查所有 NPR 和降噪程序，以进一步减少其对其服务的社区的影响。在与地方当局、当地社区和航空公司协商后，修订后的出发路线将于 2004 年全面实施
350	英国	Norwich International	诺里奇国际	无	在 23:00～次日 06:00 之间着陆的着陆费的五倍	诺里奇国际公司采用 Cirrus Research 提供的设备进行全天候无缝噪声监测，并得到 RASP2 噪声记录项目的支持。 3 台录音监视器位于机场半径 2 m 范围内的当地社区，1 台移动监视器可根据需要进行场外部署

续表

序号	国别	机场名称	机场译名	噪声排放限值	噪声附加费	噪声监测系统
351	英国	Robin Hood	罗宾汉	无	无	机场有两个固定的噪声监测仪，位于波士顿公园农场（机场以北）和鲍特里的英国皇家空军学员中心（机场以南）。有一个飞行跟踪系统，将噪声监测仪的信息与雷达数据相结合
352	英国	Southampton Intl.	南安普敦国际机场	无	Conditions of Use Including Charges from 1 May 2011 https://www.boeing.com/resources/boeingdotcom/commercial/noise/Southampton_Conditions_of_Use_2011-12.pdf	无
353	英国	Stansted Airport Limited	斯坦斯特德机场有限公司	3.1 日间出发噪声限制，07:00～23:00（当地）。 在此期间，飞机起飞需要满足白天的噪声限制在任何固定离境噪声监视器上测量的 94 dB（A）限制。 超过噪声限制的飞机将被处以 1 000 英镑的经济罚款。 超过限额的侵权记录高达 3 dB（A）。超过 3 dB（A）的侵权行为。 在限额中，每 dB（A）或部分额外罚款 250 英镑。 3.2　夜间出发噪声限制，23:00～23:29 和 06:00～07:00（本地）。 在此期间，飞机起飞需要满足夜间噪声限制。 在任何固定离境噪声监视器上测量的噪声限制为 89 dB（A）。 超过噪声限制的飞机将被处以 1 000 英镑的经济罚款。 超过限额的侵权记录高达 3 dB（A）。超过 3 dB（A）的侵权行为。 在限额中，每 dB（A）或其部分将额外罚款 1 000 英镑	Conditions of Use Including Airport Charges from 1 April 2011 https://www.boeing.com/resources/boeingdotcom/commercial/noise/Stansted_Conditions_of_Use_2011-12.pdf	有关详细信息和更新，请参阅英国 AIP AD2-EGSS 2.21。 3. 任何将在伦敦斯坦斯特德机场起飞或降落的运营商，每个人都有责任确保飞机起飞后或（如情况而定）在飞机降落在机场之前，遵守以下要求： （1）起飞后，飞机的操作方式应使其在滚动开始 6.5 km 处高度不少于 1 000 ft，沿该飞机的起飞轨道测量。 （2）与伦敦斯坦斯特德机场有关的噪声监测终端的地点是： （表） （3）除下文第（5）和第（6）分段另有规定外，任何飞机在起飞后，其操作方式不得超过上文第（2）分段所述任何地点的任何地点的任何噪声监测终端每天（当地时间 7 点至 23 点）不超过 94 dB（A）L_{max}。 （4）除下文第（5）和（6）分段另有规定外，任何飞机起飞后，其操作方式在夜间（当地时间 23:00 至 07:00）不会超过 89 dB（A）L_{max}，并且在上文第（2）段所述任何地点的任何地点的任何噪声监

续表

序号	国别	机场名称	机场译名	噪声排放限值	噪声附加费	噪声监测系统
353	英国	Stansted Airport Limited	斯坦斯特德机场有限公司	3.3 核心夜间出发噪声限制，23:30～次日 06:00（当地） 在此期间，飞机起飞需要满足夜间噪声限制 在任何固定离境噪声监视器上测量的噪声限制为 87 dB（A）。 超过噪声限制的飞机将被处以 1 000 英镑的经济罚款 超过限额的侵权记录高达 3 dB（A）。超过 3dB（A）的侵权行为 在限额中，每 dB（A）或其部分将额外罚款 1 000 英镑	Conditions of Use Including Airport Charges from 1 April 2011 https://www.boeing.com/resources/boeingdotcom/commercial/noise/Stansted_Conditions_of_Use_2011-12.pdf	测终端测量的夜间配额期间（当地时间 23 时 30 至 6:00）不会超过 87 dB（A）L_{max}。 （5）对于上文第（2）分段所述任何噪声监测终端，上文第（3）和（4）分段规定的限制应根据下表进行调整，以考虑到该终端的位置及其相对于机场海拔的地面高度。 （表） （6）为了确定是否违反了上文第（3）和（4）分段规定的限制，如果飞机需要顺风起飞，则应忽略噪声监视器记录的不超过 2 dB 的噪声。要忽略的金额应为： 0.4 dB（A），顺风高达 1 节 超过 1 节但不超过 2 节的顺风 0.8 dB(A) 超过 2 节但不超过 3 节的顺风 1.2 dB(A) 超过 3 节但不超过 4 节的顺风为 1.6 dB（A） 超过 4 节的顺风为 2.0 dB（A）。 为此，尾风将根据以下公式从空气现场风速计和风叶片中测量的风力数据计算： （风速 x 余弦（跑道方向减去风向）x-1。 （7）如果飞机是喷气式飞机，在通过上文第（1）分段所述点后，应： （A）在当地时间 6 点～23 点 30 分，保持不少于 4%的坡度，高度不少于 3 000 ft。 （b）在当地时间 23 点 30 分～6 点，除非通过 Barkway 清除，否则攀登坡度不低于 4%，至高度不少于 4 000 ft，在这种情况下，它应保持不少于 4%的攀登坡度，高度不少于 3 000 ft。 飞机的操作方式应逐步降低该点以外飞行路径下地面点的噪声水平

续表

序号	国别	机场名称	机场译名	噪声排放限值	噪声附加费	噪声监测系统
354	英国	East Midlands	东米德兰兹	最大起飞重量为 300 吨或以上的飞机，92 dB；Aircraft with a MTOW of 3 000 tonnes but less than 300 tonnes 87；最大起飞重量 3 000 吨但少于 300 吨的飞机，87 dB；最大起飞重量 100 吨或以下的飞机，83 dB	Qc＝配额计数（如英国 aip 补充定义）超过最大噪声限制的飞机，如查违反 1 分贝或以下，将被处以 750 英镑的罚款，此后每分贝额外处以 150 英镑的罚款	4 个记录站
355	英国	Gatwick Airport Limited	盖特威克机场有限公司	从希思罗机场、盖特威克机场和斯坦斯特德机场起飞的飞机噪声限制：2000 年 12 月的决定。07:00～23:00，起飞限制 94 dB（A）；06:00～07:00，起飞限制 89 dB（A）；23:00～23:30，起飞限制 89 dB（A）；23:30～次日 06:00 起飞限制 87 dB（A） 这些限制会带来惩罚。QC 系统本身已被证明是有效的，并将保留。噪声认证水平仍然是 QC 分类的基础	盖特威克机场；Airport Charges from 1 April 2011-2012，revised 26 July 2011 2011-2012 年 4 月 1 日起的机场收费，2011 年 7 月 26 日修订	点击查看噪声监测系统地图。 噪声监测仪位置-另请参见英国 AIP EGKK AD 2.21
356	英国	Glasgow	格拉斯哥	所有使用机场的飞机在起飞或“绕行”后，在相关噪声监测点的运行方式应不超过白天超过 94 dB（当地为 06:00～23:30）或夜间造成的 87 dB（当地为 23:30～次日 06:00）；该事件的实测噪声读数将被视为任何单个噪声监测终端记录的最高值	水平限制 超过噪声阈值的飞机的超标 -小于 3 dB（A），1 000 英镑； -3 dB（A）或更高 2 000 英镑 噪声阈值为： -在 06:00～23:30，87 dB -在 23:30～次日 06:00 94 dB（A）	机场安装了噪声监测和跟踪系统。监视器记录起飞或抵达飞机产生的所有噪声，并指示飞机是否超过了确定的最大噪声水平。对于超过噪声限制的罚款，请参见上面的噪声附加费。 还安装了轨道保持系统，超过允许的轨道偏差可能会产生额外罚款
357	英国	Heathrow	希思罗机场	希思罗机场、盖特威克机场和斯坦斯特德机场的噪声限制（2000 年 12 月的决定）	使用条件包括 2011 年 4 月 1 日起的机场收费，BAA 的文件	LHR 噪声监测仪东、西位置图监控位置和坐标
358	英国	Humberside International	亨伯赛德国际	无	无	作为机场规划许可的一部分，Rwy 03 和 Rwy 21 安装一台移动式噪声监测仪，可用于机场周围经批准的地点

续表

序号	国别	机场名称	机场译名	噪声排放限值	噪声附加费	噪声监测系统
359	英国	Jersey Airport	泽西机场	每架使用该机场的纯喷气式飞机在起飞后，其运营方式应确保白天不超过 110 PNdB（为此目的，白天定义为当地时间 07:00～21:30）或夜间不超过 102 PNdB	无	无
360	英国	Kent International Airport	肯特国际机场	无	运营在 23:00～次日 07:00 之间配额计数等级超过 QC4 的飞机将收取 1 000 英镑的费用	噪声监测由机场运营商完成
361	智利	Arturo Merion Benitez	阿图罗・梅里恩・贝尼特斯	65 dB（A）（每年平均昼夜）	无	该机构有一套噪声监测系统，主要由安装在机场周围的 3 个噪声监测终端组成。请参阅 www.dgac.cl，监测噪声（一般信息）
362	中国	Beijing Capital Intl	北京首都国际	不同地区的噪声水平限制有所不同。 1）Ⅰ类区域（包括文化和教育区域在内的特殊居住区）：WECPN 水平应低于 70 dB。 2）Ⅱ区域（类别Ⅰ区域以外的其他区域）：WECPN 水平不能超过 75 dB	无	北京首都国际机场噪声与运行监测系统（NOMS）于 2007 年安装。它包含 1 个中央监测和控制站，在机场周围的不同位置安装了 23 个永久噪声监测仪和 1 个便携式噪声监测仪
363	中国	Macau International	澳门国际	噪声级别限制 符合附件 16 中有关噪声的相关标准。 第 2 章限制条件 符合国际民航组织附件 16 第 2 章条件的飞机将只按个别情况考虑。第 2 章不允许在当地时间 00:00～次日 08:00 之间运行。 第 2 章逐步淘汰 国际民航组织第 A28-3 号决议原则上不适用于在澳门重新安置的飞机。第 2 章澳门特区只允许个别情况的特许经营。 第 3 章限制 无。	无	无

续表

序号	国别	机场名称	机场译名	噪声排放限值	噪声附加费	噪声监测系统
364	中国台湾	Songshan	嵩山	无	（适用于所有台湾机场） 以下是他们提供的关于如何计算噪声收费的方程。 （TWD 17.00 * MTOW）＋TWD 95.00*（起飞 EPNdB-73） 注：TWD 是新台币	15 个噪声监测站
365	中国台湾	Taoyuan Intl.	桃园国际机场	无	1/2007 国际航空运输协会机场和途中航空收费手册 着陆费： 高达 50 t——164.00 新台币/t 50～150 t——205.0 新台币/t 150～250 t——229.00 新台币/t 超过 250 t——248.00 新台币/t 噪声附加费：计算 （TWD 17 * MTOW）＋TWD 95.00 *（EPNdB-73） EPNdB 指起飞地测量点的噪声值	噪声监测系统是 Bruel * Kjaer 公司的产品。该系统可以收集噪声数据并存储在明确的数据库中。系统可轻松生成图形和表格报告。天气也包含在系统中。每月向当地环保局提供数据。 18 个噪声监测地点： 1. 05 号跑道 2. 06 号跑道 3. 23 号跑道 4. 24 号跑道 5. 坑口活动中心 6. 勾岭小学 7. 大园中学 8. 大园村务管理办公室 9. 山大小学 10. 山顿活动中心 11. Lan Pu 村 Wun Chau-Tzen 之家 12. 陈康小学 13. 海湖小学 14. 居伟小学 15. 大乌岩小学 16. 新坡小学 17. 广福社区中心 18. 石海村石屋场